职业教育电气自动化设备安装与维修专业教学资源库项目教材

可编程序控制器及外围设备安装

主　编　陈立勋
副主编　梁仕腾

中国劳动社会保障出版社

简介

本书主要内容包括传送带运输机的安装与调试、面粉搅拌机的安装与调试、锅炉风机系统的安装与调试、运料小车的安装与调试、十字路口交通灯的安装与调试5部分。

本书由陈立勋主编，梁仕腾副主编，沈晓莺、梁瑞英、卢望、梁伟宏、王磊、彭晓亮参编。

图书在版编目(CIP)数据

可编程序控制器及外围设备安装/陈立勋主编. —北京：中国劳动社会保障出版社，2015

职业教育电气自动化设备安装与维修专业教学资源库项目教材

ISBN 978－7－5167－2121－6

Ⅰ.①可… Ⅱ.①陈… Ⅲ.①可编程序控制器-设备安装-中等专业学校-教材②可编程序控制器-外部设备-设备安装-中等专业学校-教材 Ⅳ.①TM571.6

中国版本图书馆CIP数据核字(2015)第227571号

中国劳动社会保障出版社出版发行

(北京市惠新东街1号 邮政编码:100029)

*

北京市白帆印务有限公司印刷装订 新华书店经销

787毫米×1092毫米 16开本 8.5印张 185千字

2015年11月第1版 2024年5月第5次印刷

定价: 16.00元

营销中心电话: 400－606－6496

出版社网址: http://www.class.com.cn

http://jg.class.com.cn

前 言

为了推进职业教育现代化、信息化建设，更好地满足电气自动化设备安装与维修专业（以下简称电气维修专业）教学资源库项目的建设要求，常州高级技工学校联合全国十所职业院校的电气维修专业骨干教师和行业、企业专家，配合电气维修专业教学资源库项目建设，编写了《照明线路安装与检修》《简单电气设备安装与检修》《可编程控制器及外围设备安装》《简单电子线路装接与维修》《电动机继电控制线路安装与检修》五本教材。

本套教材的编写特点主要体现在以下几个方面：

一、教材编写力求体现最新的职业教育理念

以建设基于工作实践的项目化课程为最终目标，努力实现“五个对接”。教材编写坚持“做中学、做中教”的理念，整合理论与实践知识，并以学生为主体，以能力为本位，以职业实践为主线，让学生在完成任务的过程中掌握相关知识和技能，注重学生职业生涯发展和职业能力的培养。

二、教材编写来源于岗位典型工作任务分析

按照电气维修专业所面向岗位和职业能力定位进行典型工作任务分析，确定课程体系、教学目标和要求；依据教学目标和要求，结合学生基础和认知规律，确定教材编写内容。

三、教材编写采用项目引导和任务驱动的编写模式

本套教材由若干学习任务组成，每个学习任务分解为若干学习活动。教材以具体任务为中心，通过设计完成任务的方法和步骤，承载相关知识和技能，进而培养学生提出问题、分析问题、解决问题的综合能力。

四、教材配套资源力求数字化、立体化

结合电气维修专业教学资源库项目建设，本套教材配套有丰富的数字化资源，包括图片、动画、视频、虚拟实训、企业案例等。具体内容可与项目组联系。

本套教材的编写工作得到了电气维修专业教学资源库项目组成员学校的大力支持，在此表示诚挚的谢意。

电气自动化设备安装与维修专业教学资源库项目组

2015 年 9 月

目　录

任务一　传送带运输机的安装与调试

学习目标

1. 能阅读“传送带运输机的安装与调试”工作任务单，明确项目任务和个人任务要求，服从工作安排。

2. 熟悉 PLC 型号，能正确选用 PLC（主要技术参数，列举所用可编程序控制器的 I/O 功能和点数）及鉴别使用外围设备，熟悉 PLC 工作原理及软、硬件工作环境。

3. 能到现场采集传送带运输机的技术资料，根据传送带运输机的电气原理图和工艺要求绘制主电路及 PLC 接线图，编制 I/O 分配表。

4. 能进行传送带运输机的程序设计，并根据梯形图编写语句指令表。

5. 能根据传送带运输机主电路和 PLC 接线图进行施工。

6. 能正确地将程序输入 PLC，并按照传送带运输机的动作要求进行模拟调试，达到设计要求。

建议课时

40 课时

任务描述

传送带运输机是基于 PLC 的自动控制系统，具有功能全面、灵活性强、性价比高等特点。该自动化设备集现代物流技术、仓储技术、自动化技术于一体，是建材、化工、冶金、矿山、纺织、印染、造纸、机械等工业领域不可缺少的自动化运输工具。传送带运输机的控制系统具有将产品运送、筛选、存储和取出的功能。由于传送带运输机应用的复杂性，使用环境的特殊性和运行的长期连续性，使 PLC 控制系统在设计上有自己明显的特点：可靠性高，适应性广，具有通信功能，编程方便，结构模块化。

在现代自动控制系统中，PLC 已成为一种重要的基本控制单元，在工业控制领域中应用前景极其广泛。传送带运输机的相关知识和应用技能是可编程序控制器及外围设备安装专业的电气技术人员必须掌握的。

工作流程与活动

学习活动 1　PLC 的认识

学习活动 2　PLC 基本指令的讲解（一）
学习活动 3　PLC 编程软件的应用

学习活动 1　PLC 的认识

学习目标

1. 能说出可编程序控制器的功能和结构，认识可编程序控制器内部结构，熟悉各部分的作用。
2. 能说出可编程序控制器的工作原理、型号的意义。
3. 能在教师指导下，对可编程序控制器电源、I/O 接口进行正确接线。
4. 理解 PLC 的输入、输出继电器的内部电路结构、工作原理。

知识准备

一、PLC 概述

可编程序控制器（Programmable Controller）的英文缩写为 PC，为了与个人计算机的 PC 相区别，人们用 PLC 来表示可编程序控制器。

PLC 是在传统顺序控制器的基础上引入了微电子技术、计算机技术、自动控制技术和通信技术而形成的一代新型工业控制装置，目的是取代继电器，执行逻辑、计时、计数等顺序控制功能，建立柔性的程控系统。国际电工委员会（IEC）颁布了对 PLC 的规定：可编程序控制器是一种数字运算操作的电子系统，专为在工业环境下应用而设计。它采用可编程序的存储器，在其内部存储执行逻辑运算、顺序控制、定时、计数和算术运算等操作的指令，并通过数字、模拟的输入和输出，控制各种类型的机械或生产过程。可编程序控制器及其有关设备都应按易于与工业控制系统形成一个整体、易于扩充其功能的原则设计。

PLC 具有通用性强、使用方便、适用面广、可靠性高、抗干扰能力强、编程简单等特点。在工业控制领域中，PLC 控制技术的应用必将形成世界潮流。

PLC 程序既有生产厂家的系统程序，又有用户自己开发的应用程序。系统程序提供运行平台，同时还为用户程序可靠运行及信息与信息转换进行必要的公共处理。用户程序由用户按控制要求设计。

二、PLC 的基本结构

一般来说，PLC 分为箱体式和模块式两种，但它们的组成是相同的，箱体式 PLC 是将电源、CPU、存储器及 I/O 等各个功能部分集成在一个机壳内，通常称为 PLC 主机或基本单元。箱体式 PLC 按 CPU 性能不同又可分成若干型号，因 I/O 点数不同又有若干规格。模块式 PLC 是将构成 PLC 的各个部分按功能做成独立模块，如电源模块、CPU 模块、I/O 模块、各种功能模块等，然后安装在同一底板或框架上。无论哪种结构类型的 PLC，都属于总线式开放型结构，其 I/O 能力可按用户需要进行扩展与组合。PLC 的基本结构框图如图 1—1—1 所示。

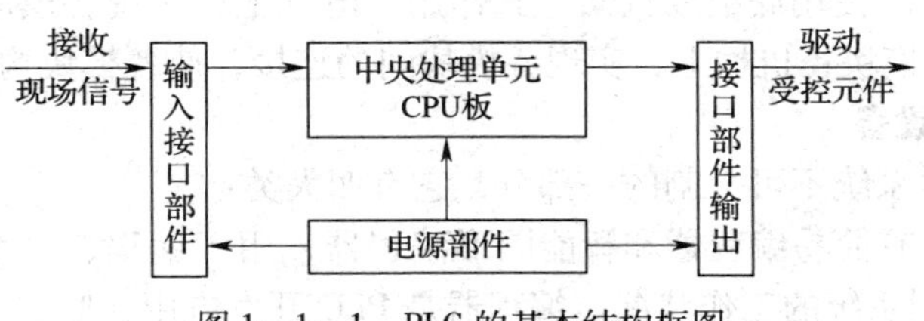

图 1—1—1　PLC 的基本结构框图

1. CPU 的构成

CPU 是 PLC 的核心，起神经中枢的作用，每台 PLC 至少有一个 CPU，它按 PLC 的系统程序赋予的功能接收并存储用户程序和数据，用扫描的方式采集由现场输入装置送来的状态或数据，并存入规定的寄存器中，同时，诊断电源和 PLC 内部电路的工作状态和编程过程中的语法错误等。进入运行后，CPU 从用户程序存储器中逐条读取指令，经分析后再按指令规定的任务产生相应的控制信号，去指挥有关的控制电路。

与通用计算机一样，CPU 主要由运算器、控制器、寄存器及实现它们之间联系的数据、控制及状态总线构成，还有外围芯片、总线接口及有关电路。它确定了进行控制的规模、工作速度、内存容量等。内存主要用于存储程序及数据，是 PLC 不可缺少的组成单元。

CPU 的控制器控制 PLC 工作，由它读取指令、解释指令及执行指令，但工作节奏由振荡信号控制。

CPU 的运算器用于进行数字或逻辑运算，在控制器指挥下工作。

CPU 的寄存器参与运算，并存储运算的中间结果，它也是在控制器指挥下工作。

CPU 虽然划分为以上几个部分，但 PLC 中的 CPU 芯片实际上就是微处理器，由于电路的高度集成，对 CPU 内部的详细分析已无必要，只要弄清它在 PLC 中的功能与性能，能正确地使用即可。

CPU 模块的外部表现就是其工作状态的各种显示、接口及设定或控制开关。一般来说，CPU 模块总要有相应的状态指示灯，如电源显示、运行显示、故障显示等。箱体式 PLC 的主箱体也有这些显示。它的总线接口用于接 I/O 模板或底板，内存接口用于安装内存，外设口用于接外围设备，有的还有通信口，用于进行通信。CPU 模块上还有许多设定开关，用以对 PLC 进行设定，如设定起始工作方式、内存区等。

2. I/O 模块

PLC 的对外功能主要是通过各种 I/O 接口模块与外界进行联系，按 I/O 点数确定模块规格及数量。I/O 模块可多可少，但其最大数受 CPU 所能管理的基本配置能力（即最大的底板或机架槽数）的限制。I/O 模块集成了 PLC 的 I/O 电路，其输入暂存器反映输入信号状态，输出点反映输出锁存器状态。

3. 电源模块

有些 PLC 中的电源是与 CPU 模块合二为一的，有些是分开的，其主要用途是为 PLC 各模块的集成电路提供工作电源，有的还为输入电路提供 24 V 的工作电源。电源按其输入类型不同分为交流电源（交流 220 V AC 或 110 V AC）和直流电源（常用的为 24 V DC）。

4. 底板或机架

大多数模块式 PLC 使用底板或机架，其作用：电气上，实现各模块间的联系，使 CPU 能访问底板上的所有模块；机械上，实现各模块间的连接，使各模块构成一个整体。

5. PLC 的外围设备

外围设备是 PLC 系统不可分割的一部分，它有四大类：

（1）编程设备：有简易编程器和智能图形编程器，用于编程、对系统做一些设定、监控 PLC 及 PLC 所控制系统的工作状况。编程器是 PLC 开发应用、监测运行、检查维护不可缺少的器件，但它不直接参与现场控制运行。

（2）监控设备：有数据监视器和图形监视器，直接监视数据或通过画面监视数据。

（3）存储设备：有存储卡、存储磁带、软磁盘和只读存储器，用于永久性地存储用户数据，使用户程序不丢失，如 EPROM、EEPROM 写入器等。

（4）输入、输出设备：用于接收信号或输出信号，一般有条码读入器、输入模拟量的电位器、打印机等。

6. PLC 的通信联网

PLC 具有通信联网的功能，它使 PLC 与 PLC 之间、PLC 与上位计算机以及其他智能设备之间能够交换信息，形成一个统一的整体，实现分散集中控制。现在几乎所有的 PLC 新产品都有通信联网功能，它和计算机一样具有 RS－232 接口，通过双绞线、同轴电缆或光缆，可以在几公里甚至几十公里的范围内交换信息。

当然，PLC 之间的通信网络是各厂家专用的，PLC 与计算机之间的通信，生产厂家多采用工业标准总线，并向标准通信协议靠拢，这将使不同机型的 PLC 之间、PLC 与计算机之间可以方便地进行通信与联网。

三、PLC 的工作原理

PLC 的循环周期扫描工作方式：当 PLC 的方式开关置于【RUN】位置时，PLC 即进入程序运行状态。在程序运行状态下，PLC 工作于循环周期扫描工作方式。每一个扫描周期分为输入采样、程序执行和输出刷新 3 个阶段，如图 1—1—2 所示。

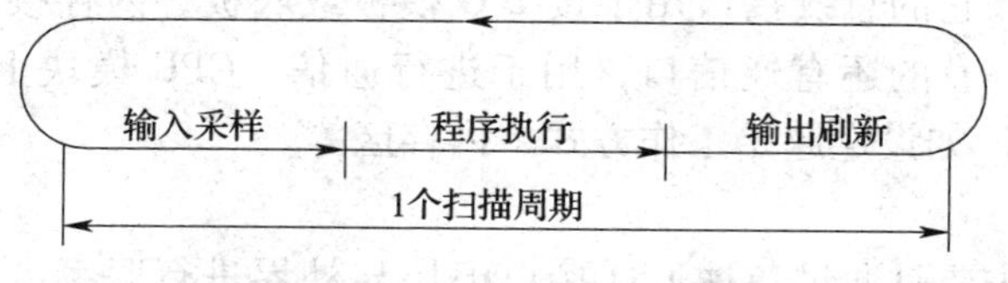

图 1—1—2　PLC 循环周期扫描工作方式

1. 输入采样

在输入采样阶段，PLC 的 CPU 读取每个输入端口的状态，采样结束后，存入输入数据寄存器，作为程序执行的条件。

2. 程序执行

在程序执行阶段，CPU 从用户程序的第 0 步开始，到 END 步结束，顺序地逐条扫描用户程序，同时进行逻辑运算处理，最终运算结果存入输出数据寄存器。

3. 输出刷新

在输出刷新阶段，CPU 将输出数据寄存器的数据写入输出锁存器，从而改变输出端口的状态。

通常在程序执行和输出刷新阶段，即使输入状态发生变化，程序也不读入新的输入数据，这样做是为了增强 PLC 的抗干扰能力和程序执行的可靠性。

PLC 扫描周期时间与 PLC 的类型和程序指令语句的长短有关。通常一个普通控制程序的扫描周期为几十毫秒。由于 PLC 的扫描周期很短，所以从操作上感觉不出 PLC 的延迟。

虽然程序梯形图与继电器线路图很相似，但是 PLC 的工作方式与继电器的工作方式有本质的不同。继电器属于并联工作方式，当控制线路通电时，所有的负载可以同时通电，与负载在控制线路中的位置无关。

PLC 属于逐条读取指令、逐条执行指令的顺序扫描工作方式，先被扫描的软继电器先动作，并且影响后被扫描的软继电器，即与软继电器线圈在程序中的位置有关，在编程时要掌握和利用这个特点。

四、PLC 的基本型号

FX 系列 PLC 型号意义如图 1—1—3 所示。

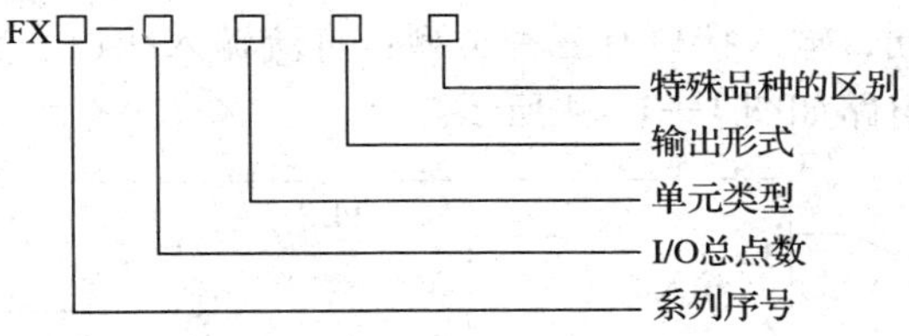

图 1—1—3　FX 系列 PLC 型号意义

FX 系列 PLC 参数的说明见表 1—1—1。

表 1—1—1　　FX 系列 PLC 参数表

参数	说明	参数	说明
系列序号	即系列名称，如 0（S）、0N、1N、1S、2N、2N（C）、3G、3U（C）等	特殊品种的区别	D—DC 电源，AC 输入
I/O 总点数	10～256		A1—AC 电源，AC 输入
单元类型	M—基本单元		H—大电流输出扩展模块（1A/1 点）
	E—输入、输出混合扩展单元与扩展模块		V—立式端子排的扩展模块
	EX—输入专用扩展模块		C—接插口输入、输出方式
	EY—输出专用扩展模块		F—输入滤波器 1 ms 的扩展模块
输出形式	R—继电器输出		L—TTL 输入型扩展模块
	T—晶体管输出		S—独立端子（无公共端）扩展模块
	S—晶闸管输出		

若特殊品种缺省，通常指 AC 电源、DC 输入、横式端子排。其中，继电器输出：2A/1 点；晶体管输出：0.5A/1 点；晶闸管输出：0.3A/1 点。

例 1—1—1：FX_{2N} -48MR 表示 FX_{2N}系列 PLC 的基本单元，I/O 点数共有 48 个（I、O 点数各 24 个，采用继电器输出方式）。

FX_{2N} -32ET 表示 FX_{2N}系列 PLC 的 I/O 扩展单元，I/O 点数共有 32 个（I、O 点数各 16 个，采用晶体管输出方式）。

FX_{0N} -8ER 表示 FX_{0N}系列 PLC 的扩展模块，有 4 点输入，4 点继电器输出。

五、PLC 的 I/O 接口电路

PLC 提供了具有多种操作电平和驱动能力的 I/O 接口，有各种各样功能的 I/O 接口供用户选用。I/O 接口的主要类型有数字量（开关量）输入、数字量（开关量）输出、模拟量输入、模拟量输出等。

1. 常用的开关量输入接口

输入端接口电路对应着输入继电器，输入继电器的地址编号是以八进制数表示。其基本单元为 X000 ~ X007、X010 ~ X017、X020 ~ X027、X030 ~ X037、X040 ~ X047、X050 ~ X057 等。由于输入继电器只受外部信号的控制，所以在程序梯形图中不应出现输入继电器的线圈符号。

按其使用电源的不同，输入接口有三种类型：直流输入接口、交流输入接口和交/直流输入接口，其基本原理电路如图 1—1—4 所示。

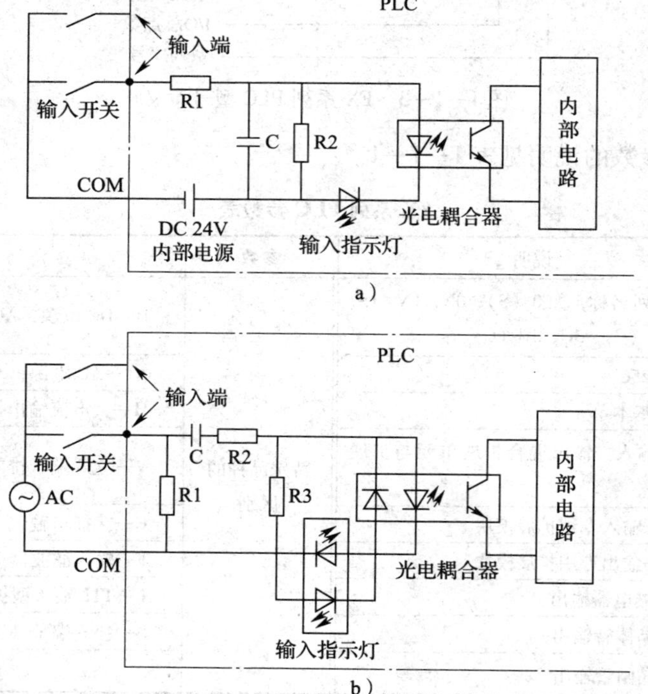

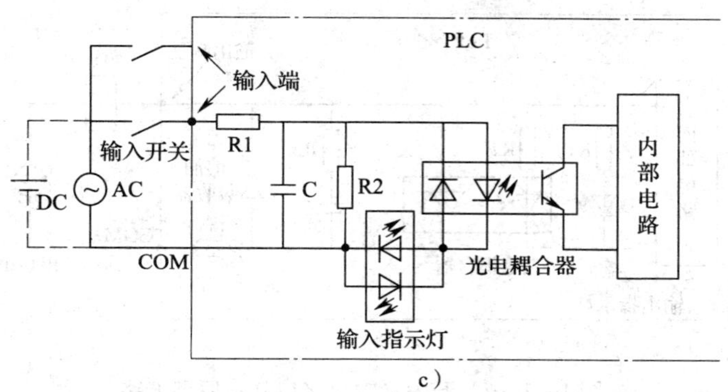

c）

图 1—1—4　开关量输入接口基本原理电路

a）直流输入　b）交流输入　c）交/直流输入

2. 常用的开关量输出接口

输出端接口电路对应着输出继电器，输出继电器的地址编号是以八进制数表示。其基本单元为 Y000 ~ Y007、Y010 ~ Y017、Y020 ~ Y027、Y030 ~ Y037、Y040 ~ Y047、Y050 ~ Y057 等。虽然输出继电器对应的物理继电器只有一个常开触点，但在程序中可以无限次地使用输出继电器的常开或常闭触点。通常，在程序中输出继电器的线圈符号只能出现一次，即不要出现“双线圈”现象（步进指令驱动除外）。

按输出开关器件的不同，输出接口有三种类型，即继电器输出、晶体管输出和双向晶闸管输出，其基本原理电路如图 1—1—5 所示。继电器输出接口可驱动交流或直流负载，但其响应时间长，动作频率低；而晶体管输出和双向晶闸管输出接口的响应速度快，动作频率高，但晶体管输出只能用于驱动直流负载，双向晶闸管输出只能用于驱动交流负载。

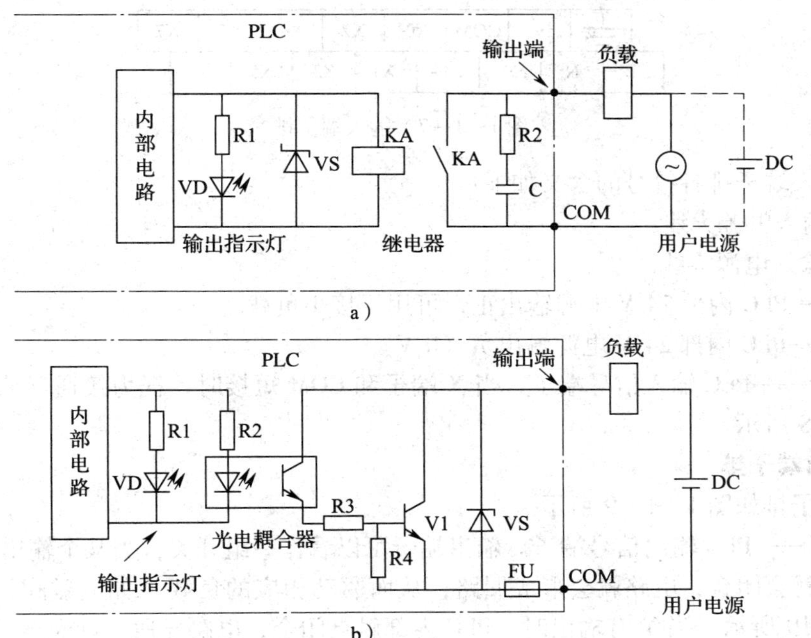

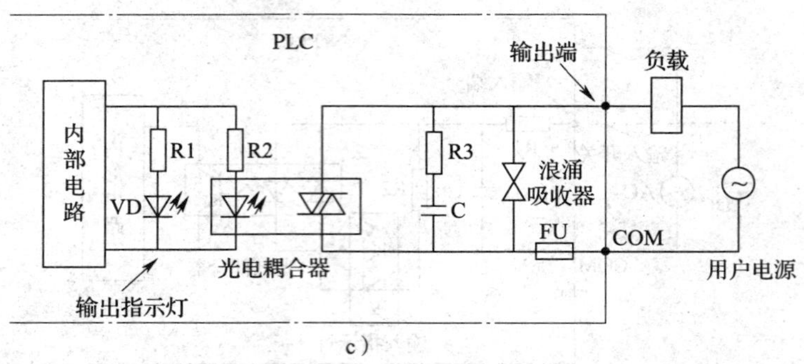

c）

图 1—1—5　开关量输出接口基本原理电路

a）继电器输出　b）晶体管输出　c）双向晶闸管输出

PLC 的 I/O 接口所能接收的输入信号个数和输出信号个数称为 PLC 输入/输出（I/O）总点数。I/O 点数是选择 PLC 的重要依据之一。当系统的 I/O 点数不够时，可通过 PLC 的 I/O 扩展接口对系统进行扩展。

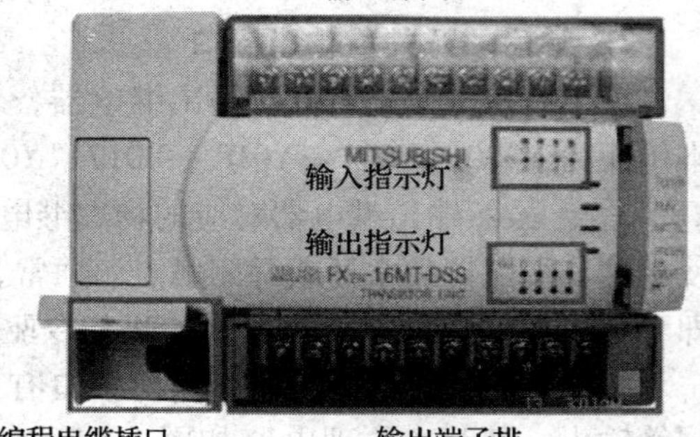

图 1—1—6　PLC 输入、输出端子排实物

六、PLC 输入、输出端子排

PLC 输入、输出端子排实物如图 1—1—6 所示。

1. 输入端子排

输入端子排如图 1—1—7 所示。

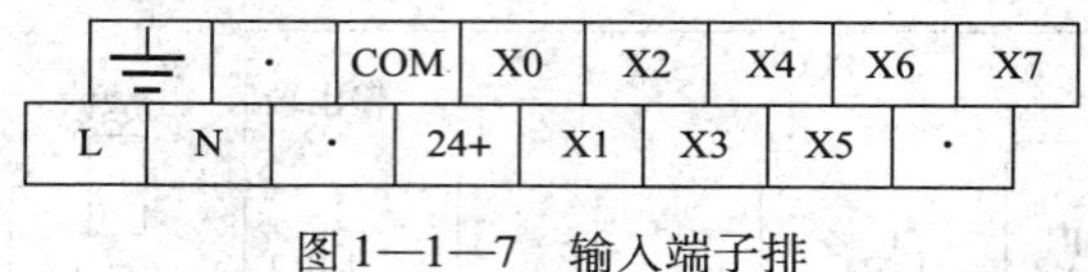

⏚	·	COM	X0	X2	X4	X6	X7
L	N	·	24+	X1	X3	X5	·

图 1—1—7　输入端子排

PLC 输入端子排各符号的含义如下：

L——输入电源火线。

N——输入电源零线。

24 +——PLC 内部 24 V 电源输出正，可用于接小负载。

COM——PLC 内部 24 V 电源输出负（0 V）。

X0 ~ X7——PLC 输入信号端子，当 X 端子和 COM 短接时，视为接通（有信号输入），如图 1—1—8 所示。

2. 输出端子排

输出端子排如图 1—1—9 所示。

Y0 ~ Y7——PLC 输出信号端子。输出端子可以看作一组开关，当某个输出点有输出时，相应的开关就会闭合，电路就会形成回路，从而驱动相应的负载（如电磁阀、继电器等）。如图 1—1—10 所示，当 Y 有输出时，PLC 内部触点闭合，电路导通，灯泡亮。

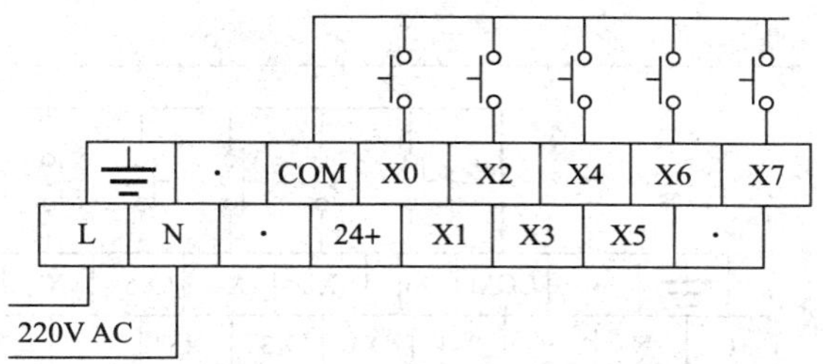

图 1—1—8　输入端子接通

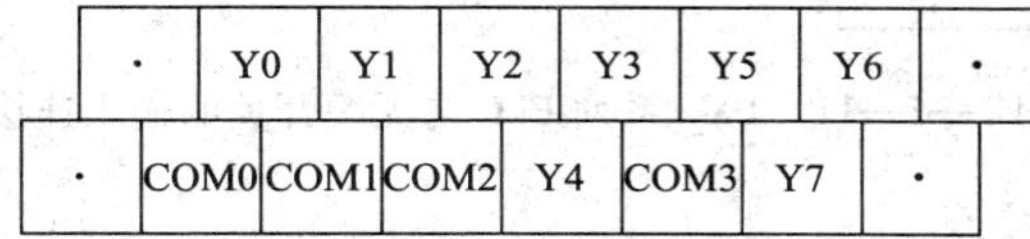

图 1—1—9　输出端子排

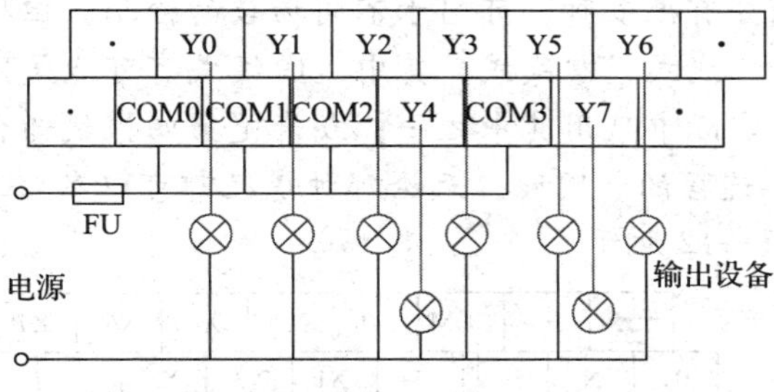

图 1—1—10　输出端子接通

小贴士

PLC 与传感器的接线方法

PLC 的数字量输入接口并不复杂，PLC 为了提高抗干扰能力，输入接口都采用光电耦合器来隔离输入信号与内部处理电路的传输。因此，输入端的信号只是驱动光电耦合器的内部 LED 导通，被光电耦合器的光电管接收，即可使外部输入信号可靠传输。

各类 PLC 的输入电路大致相同，通常有三种类型。一种是直流 12～24 V 输入，另一种是交流 100～120 V、200～240 V 输入，第三种是交直流输入。外部输入器件可以是无源触点或是有源的传感器输入。这些外部器件都要通过输入端与 PLC 连接，形成闭合有源回路，所以必须提供电源。

一、无源开关的接线

FX_{2N}系列 PLC 只有直流输入，且在 PLC 内部将输入端与内部 24 V 电源正极相连、COM 端与负极连接，如图 1—1—11 所示。这样，其无源的开关类输入不用单独提供电源。这与其他类 PLC 有很大区别，在今后使用其他 PLC 时，要注意仔细阅读其说明书。

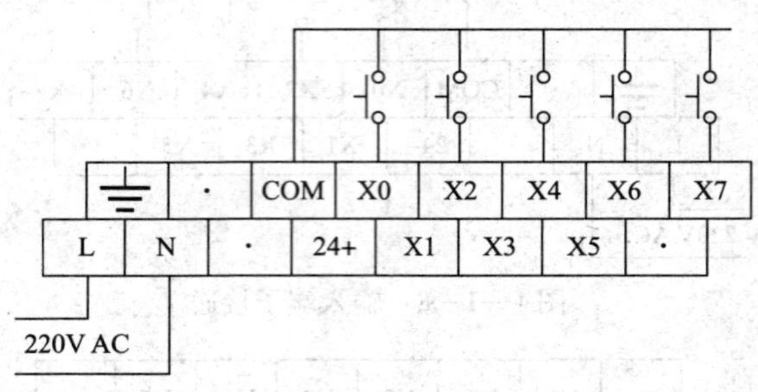

图 1—1—11　FX_{2N}系列 PLC 与无源开关的输入连接

二、接近开关的接线

接近开关指本身需要电源驱动，输出有一定电压或电流的开关量传感器。开关量传感器根据其原理分有很多种，可用于不同场合的检测，但根据其信号线可以分成三大类：两线式、三线式、四线式。其中，四线式有可能是同时提供一个动合触点和一个动断触点，实际中只用其中之一；或者是第四根线为传感器校验线，校验线不会与 PLC 输入端连接的。因此，无论哪种情况都可以参照三线式接线。PLC 与传感器连接如图 1—1—12 所示。

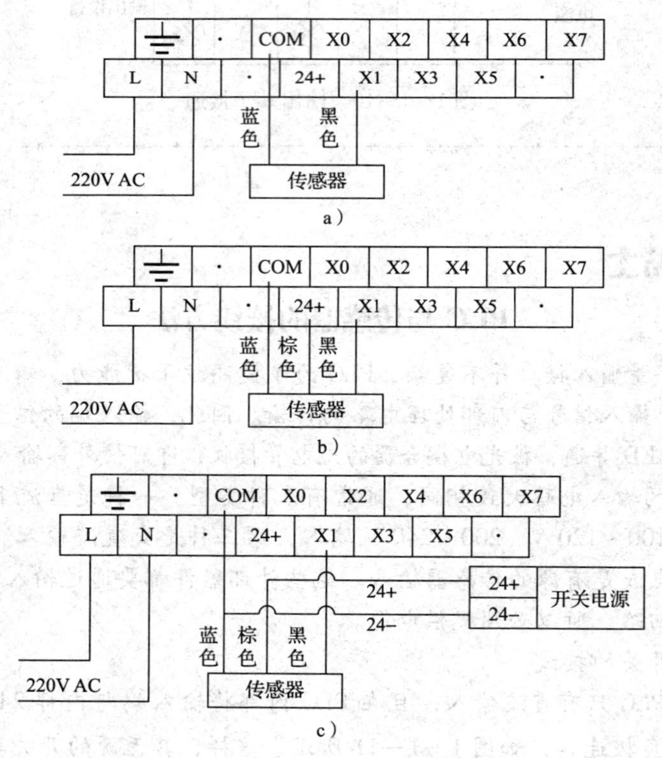

图 1—1—12　PLC 与传感器连接

a）两线式接线　b）三线式利用 PLC 内部 24 V 电源接线　c）三线式利用外置 DC　24 V 电源接线

两线式为一信号线与电源线。三线式分别为电源正、负极和信号线。不同作用的导线用不同颜色表示，这种颜色的定义有不同的定义方法，使用时参见相关说明书。在传送带运输机上主要用于判别金属和非金属材料，所用传感器是三线式金属/非金属传感器。金属/非金属传感器检测距离范围为1～5 mm，工作电压DC　24 V。

三、旋转编码器的接线

旋转编码器可以提供高速脉冲信号，在传送带运输机、数控机床及工业控制中经常用到。不同型号的编码器输出的频率、相数也不一样。有的编码器输出A、B、C三相脉冲，有的只有两相脉冲，有的只有一相脉冲（如A相），频率有100 Hz、200 Hz、1 kHz、2 kHz等。当频率比较低时，PLC可以响应；频率高时，PLC就不能响应，此时，编码器的输出信号要接到特殊功能模块上。

如图1—1—13所示为FX_{2N}型PLC与OMRON的E6A2－C系列旋转编码器的接口，各引线的作用：棕色线为电源正极，蓝色线为电源负极，橙色线为Z脉冲输出（旋转编码器旋转1周输出1个脉冲），黑色线为A相脉冲输出（旋转编码器旋转1°输出脉冲量），白色线为B相脉冲输出（旋转编码器旋转1°输出脉冲量），A相脉冲、B相脉冲输出脉冲量（旋转编码器选用参数有关）相同，产生脉冲的相位有区别，旋转编码器在传送带运输机上用来定位、测量电动机的转速，选用旋转编码器的脉冲输出360～3 600 P，工作电压DC　24 V。

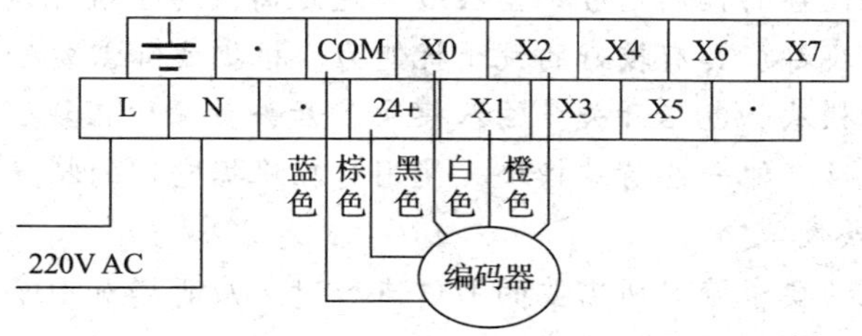

图1—1—13　旋转编码器与PLC的接口

小词典

选用PLC型号的方法

随着PLC的推广普及，PLC产品的种类和数量越来越多，而且功能也日趋完善。近年来，从美国、日本、德国等引进的PLC产品及国内厂家组装或自行开发的产品已有几十个系列、上百种型号。PLC的品种繁多，其结构形式、性能、容量、指令系统、编程方法、价格等各不相同，适用场合也各有侧重。因此，合理选择PLC，对于提高PLC在控制系统中的应用起着重要作用。

一、机型的选择

PLC 机型选择的基本原则：在功能满足要求的前提下，选择最可靠、维护使用最方便以及性能最优的机型。

在工艺过程比较固定、环境条件较好（维修量较小）的场合，建议选用整体式结构的 PLC；其他情况则最好选用模块式结构的 PLC。

对于开关量控制以及以开关量控制为主、带少量模拟量控制的工程项目中，一般其控制速度无须考虑，因此，选用带 A/D 转换、D/A 转换、加减运算、数据传送功能的低档机就能满足要求。

而在控制比较复杂，控制功能要求比较高的工程项目中（如要实现 PID 运算、闭环控制、通信联网等），可视控制规模及复杂程度来选用中档或高档机。其中，高档机主要用于大规模过程控制、全 PLC 的分布式控制系统以及整个工厂的自动化等。

二、I/O 的选择

PLC 是一种工业控制系统，它的控制对象是工业生产设备或工业生产过程，工作环境是工业生产现场。它与工业生产过程的联系是通过 I/O 接口模块来实现的。

通过 I/O 接口模块可以检测被控生产过程的各种参数，并以这些现场数据作为控制信息对被控对象进行控制。同时，通过 I/O 接口模块将控制器的处理结果送给被控设备或工业生产过程，从而驱动各种执行机构来实现控制。PLC 从现场收集的信息及输出给外围设备的控制信号都需经过一定距离，为了确保这些信息正确无误，PLC 的 I/O 接口模块都应具有较好的抗干扰能力。根据实际需要，一般情况下，PLC 都有许多 I/O 接口模块，包括开关量输入模块、开关量输出模块、模拟量输入模块、模拟量输出模块以及其他一些特殊模块，使用时应根据它们的特点进行选择。

1. 确定 I/O 点数

根据控制系统的要求确定所需要的 I/O 点数时，应再增加 10% ~20% 的备用量，以便随时增加控制功能。对于一个控制对象，由于采用的控制方法不同或编程水平不同，I/O 点数也会有所不同。

2. 开关量输入、输出

通过标准的输入、输出接口可从传感器和开关（如按钮、限位开关等）及控制（开/关）设备（如指示灯、报警器、电动机启动器等）接收信号。典型的交流输入、输出信号为 24 ~240 V，直流输入、输出信号为 5 ~240 V。

尽管输入电路因制造厂家不同而不同，但有些特性是相同的，如用于消除错误信号的抖动电路；免于较大瞬态过电压的浪涌保护电路等。此外，大多数输入电路在高压电源输入和接口电路的控制逻辑部分之间都设有可选的隔离电路。

3. 模拟量输入、输出

模拟量输入、输出接口一般用来感知传感器产生的信号。这些接口可用于测量流量、温度和压力，并可用于控制电压或电流输出设备。这些接口的典型量程为 -10 ~ +10 V、0 ~ +10 V、4 ~20 mA 或 10 ~50 mA。

一些制造厂家在 PLC 上设计有特殊模拟接口，因而可接收低电平信号（如 RTD、热电偶等）。一般来说，这类接口模块可用于接收同一模块上不同类型的热电偶或 RTD 混合信号。

4. 特殊功能输入、输出

在选择一台 PLC 时，用户可能会面临一些特殊类型且不能用标准 I/O 实现的 I/O 限定，如定位、快速输入、频率等。此时，用户应当考虑供销厂商是否提供有特殊的有助于最大限度减小控制作用的模块。有些特殊接口模块自身能处理一部分现场数据，从而使 CPU 从耗时的任务处理中解脱出来。

三、PLC 存储器类型及容量选择

PLC 系统所用的存储器基本上由 EPROM、EEPROM、RAM 三种类型组成，存储容量则随机器的大小变化，一般小型机的最大存储能力低于 8 KB，中型机的最大存储能力可达 64 KB，大型机的最大存储能力可上兆字节。使用时可以根据程序及数据的存储需要来选用合适的机型，必要时也可专门进行存储器的扩充设计。

PLC 的存储器容量选择和计算的第一种方法：根据编程使用的节点数精确计算存储器的实际使用容量。第二种为估算法，用户可根据控制规模和应用目的来估算。为了使用方便，一般应留有 25% ~30% 的裕量，获取存储容量的最佳方法是生成程序，即用了多少字。知道每条指令所用的字数，用户便可确定准确的存储容量。

四、PLC 的环境适应性

由于 PLC 通常直接用于工业控制，生产厂都把它设计成能在恶劣的环境条件下可靠地工作。尽管如此，每种 PLC 都有自己的环境技术条件，用户在选用时，特别是在设计控制系统时，对环境条件要给予充分的考虑。

任务实施

1. 了解 PLC 的外形

将如图 1—1—14 所示 PLC 外形上对应的内容填入表 1—1—2。

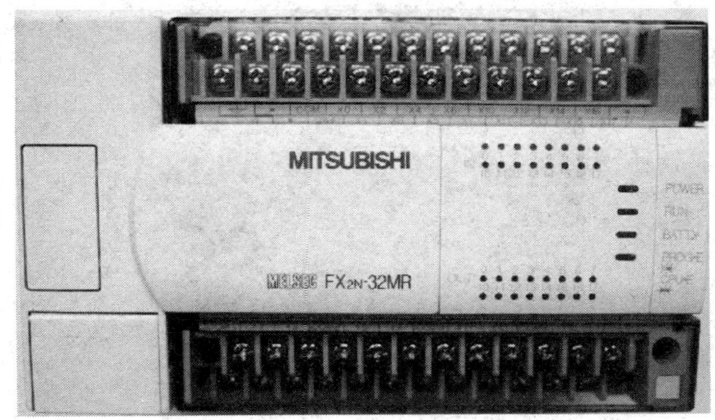

图 1—1—14　PLC 外形

表 1—1—2　　型号表

型号	厂家	功能	备注
FX_{2N} - 32MR			
FX_{1N} - 16MT			
FX_{0N} - 16MR			

2. 识别 PLC 型号

(1) PLC 基本型号

将如图 1—1—15 所示的铭牌上对应内容填入表 1—1—3。

图 1—1—15　三菱 FX 系列 PLC（FX_{2N} - 32MR - 001）

表 1—1—3　　PLC 基本型号参数表

PLC 的型号	PLC 型号含义	名牌参数	名牌参数含义
FX_{2N}		AC85 ~ 264 V	
32		50/60 Hz	
M		40 VA	
R		S/N 1280338	
001			

(2) PLC 的扩展的型号

将如图 1—1—16 所示的铭牌上对应内容填入表 1—1—4。

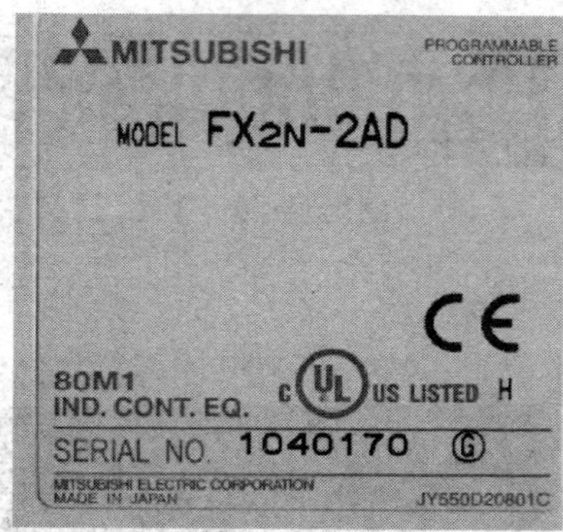

图 1—1—16　三菱 FX 系列特殊模块（FX_{2N} - 2AD）

表 1—1—4　　PLC 扩展型号参数表

PLC 的型号	PLC 型号含义	名牌参数	名牌参数含义
FX_{2N}		SERIAL NO. 1040170	
2AD			

3. PLC 的检测

（1）PLC 的电源接线

PLC 的电源接线如图 1—1—17 所示。

PLC 的电源线接线步骤：

1）准备电源线（电源线符合通电要求）。

2）先将地线（黄绿线）接在地线对应螺钉，要牢固（见图 1—1—17b）。

3）再将零线（绿线）接在零线对应螺钉，要牢固（见图 1—1—17b）。

4）将火线（红线）接在火线对应螺钉，要牢固（见图 1—1—17b）。

5）检查所接线是否有短路，确保接线牢固，确定供电电源是交流 220 V。

6）通电检查 PLC 各项参数。

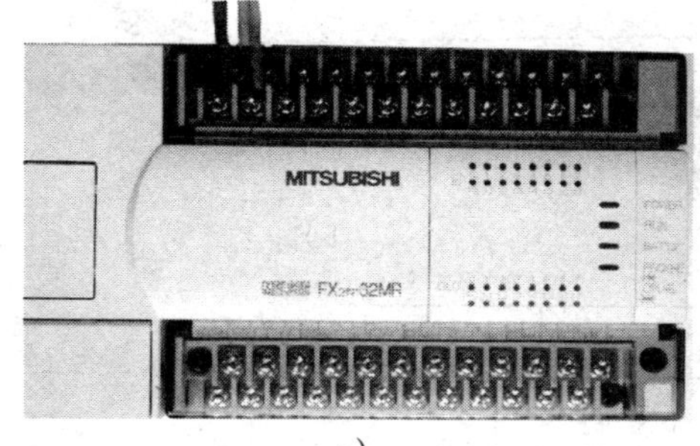

a）

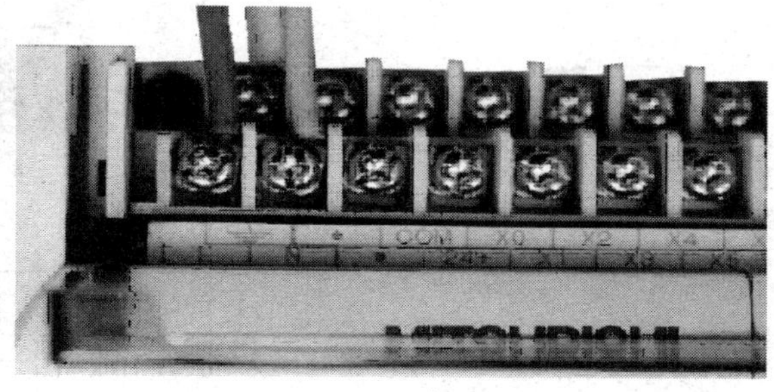

b）

图 1—1—17　PLC 的电源接线

（2）PLC 输入端子的接线

PLC 输入端子接线如图 1—1—18 所示。

PLC 输入端子接线步骤（以接按钮接线为例）：

1）准备导线（导线符合通电要求）。

2）先将 COM 线（绿线）的一端接在 COM 对应螺钉，另一端接按钮的常开触点螺钉，要牢固（见图 1—1—18b）。

3）再将 X0 线（红线）的一端接在 X0 对应螺钉，另一端接按钮的常开触点另一螺钉，要牢固（见图 1—1—18b）。

4）检查所接线是否有短路，是否牢固（见图 1—1—18b），确定供电电源是交流 220 V。

5）PLC 上电，按下按钮（常开触点闭合），PLC 的输入指示灯“X0”亮，表示输入继电器 X0 已接通，X0 的触点动作；放开按钮（常开触点断开），PLC 的输入指示灯“X0”熄灭。通过测试表示输入继电器 X0 通电正常，可以进行编程测试。

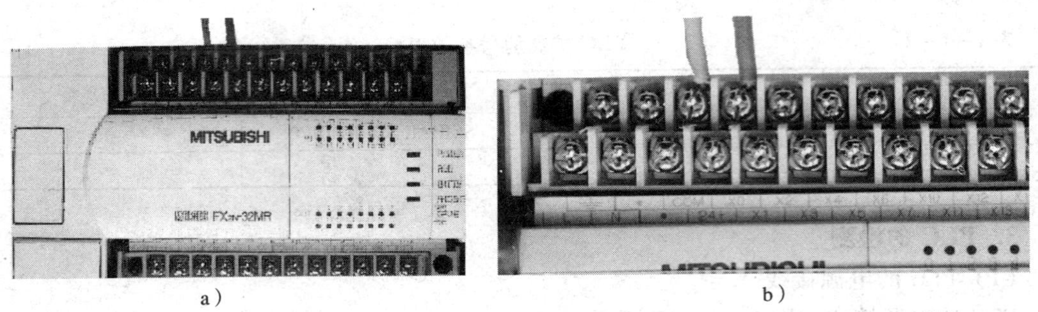

a）　　b）

图 1—1—18　PLC 输入端子接线

6）同理，测试其他的输入继电器状态。

（3）PLC 输出端子的接线

PLC 输出端子接线如图 1—1—19 所示。

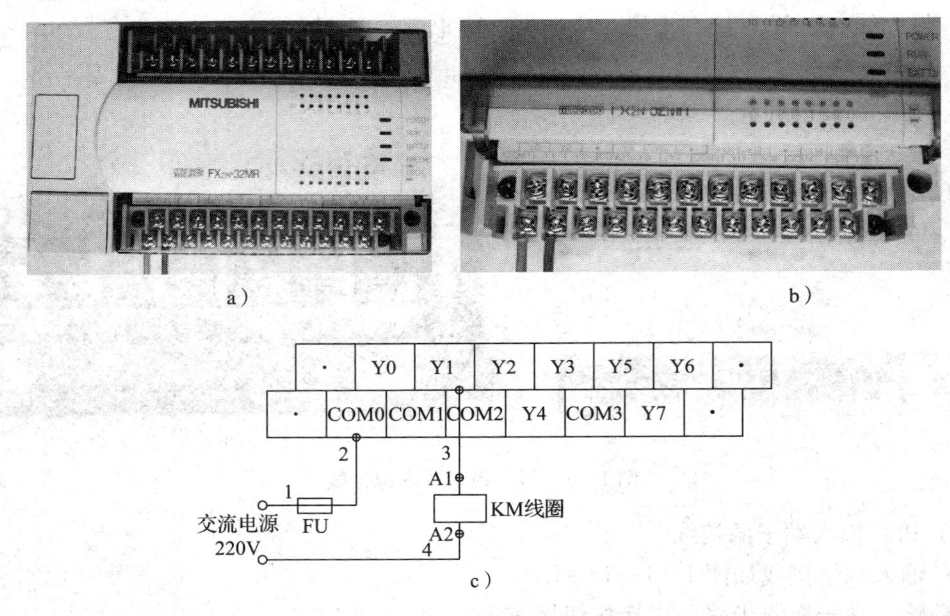

a）　　b）

c）

图 1—1—19　PLC 输出端子接线

PLC 输出端子接线步骤（以 220 V 交流接触线圈为例）：

1）准备导线（导线符合通电要求）。

2）先将 1 号线接熔断器（FU）的输入端，熔断器的输出端接 2 号线，2 号线另一端接在 COM1 对应螺钉，螺钉要牢固（见图 1—1—19c）。

3）输出继电器（Y1）接 3 号线，另一端接交流接触线圈（KM）的 A1 端上，交流接触线圈的 A2 端接 4 号线，4 号线另一端接交流电源 220 V，螺钉要牢固。

4）检查所接线是否有短路，是否牢固，确定供电电源是交流 220 V。

5）PLC 上电，教师编写简单程序驱动输出继电器 Y1 动作，交流接触线圈获电接通。

6）同理，测试其他的输出继电器状态。

7）输出继电器接线时注意：Y0、Y1、Y2、Y3 的公共端是 COM1，Y4、Y5、Y6、Y7 的公共端是 COM2，不同型号的 PLC 输出继电器公共端有区别，应注意。

4. 根据传送带运输机的安装与调试控制要求

（1）写出 PLC 输入、输出分配表，并填入表 1—1—5。

表 1—1—5　　输入、输出分配表

输入端口			输出端口		
输入继电器	输入器件	作用	输出继电器	输出器件	作用

（2）根据 PLC 输入、输出分配表，选择 PLC 型号。

（3）根据 PLC 输入、输出分配表，画出 PLC 的 I/O 分配图。

学习活动 2　PLC 基本指令的讲解（一）

学习目标

1. 认识 PLC 梯形图的结构，熟悉梯形图的绘制。
2. 区分 PLC 梯形图与继电器控制电气原理图的不同。
3. 熟记 PLC 梯形图中基本指令各触点图形符号、元件编号。
4. 学会将电力拖动的正反转各线路原理图编译为 PLC 梯形图。

知识准备

一、PLC 基本编程语言

梯形图是 PLC 的基本编程语言，它是通过连线把 PLC 指令的梯形图符号连接在一起的连通图，用以表达所使用的 PLC 指令及其前后顺序，它与电气原理图很相似。它的连线有两种：一种为母线，另一种为内部横竖线。内部横竖线把一个个梯形图符号指令连成一个指令组，这个指令组一般总是从装载（LD）指令开始，必要时再继以若干个输入指令（含 LD 指令），以建立逻辑条件，最后为输出类指令，实现输出控制，或为数据控制、流程控制、通信处理、监控工作等指令，以进行相应的工作。母线是用来连接指令组的。如图 1—2—1 所示是三菱公司 FX_{2N}系列产品最简单的梯形图例。

该梯形图有两组，第一组用以实现启动、停止控制。第二组仅为一个 END 指令，用以结束程序。

1. 梯形图与助记符的对应关系

助记符指令与梯形图指令有严格的对应关系，而梯形图的连线又可将指令的顺序予以体现。一般来说，其顺序为先输入，后输出（含其他处理）；从上到下、从左到右的原则。有了梯形图就可将其翻译成助记符程序。图 1—2—1 的助记符程序如图 1—2—2 所示。

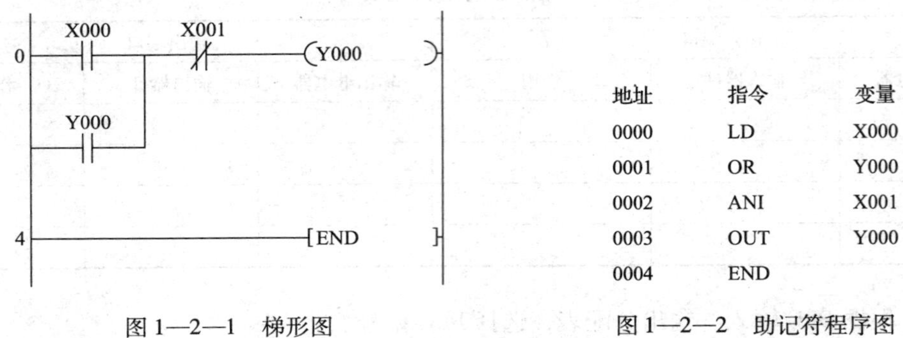

地址	指令	变量
0000	LD	X000
0001	OR	Y000
0002	ANI	X001
0003	OUT	Y000
0004	END	

图 1—2—1　梯形图　　图 1—2—2　助记符程序图

反之，根据助记符也可画出与其对应的梯形图。

2. 梯形图与继电器控制电气原理图的关系

如果仅考虑逻辑控制，梯形图与电气原理图也可建立起一定的对应关系。如梯形图的输出（OUT）指令对应于继电器的线圈，而输入指令（如 LD、AND、OR）对应于接点。这样，原有的继电控制逻辑经转换即可变成梯形图，再进一步转换，即可变成语句表程序。有了这个对应关系，用 PLC 程序代表继电控制逻辑是很容易的。这也是 PLC 技术对传统继电控制技术的继承。

3. PLC 控制与继电器控制的区别

从控制方法上看，继电器控制系统控制逻辑采用硬件接线，利用继电器机械触点的串联或并联等组合成控制逻辑，其连线多且复杂、体积大、功耗大，系统构成后，想再改变或增加功能较为困难。另外，继电器的触点数量有限，所以电器控制系统的灵活性和可扩展性受到很大限制。而 PLC 采用了计算机技术，其控制逻辑是以程序的方式存放在存储器中，要改变控制逻辑只需改变程序，因而很容易改变或增加系统功能。PLC 系统连线少、体积小、功耗小，而且 PLC 所谓“软继电器”实质上是存储器单元的状态，所以“软继电器”的触点数量是无限的，PLC 系统的灵活性和可扩展性好。PLC 梯形图的符号与继电接触控制系统相似，如图 1—2—3 所示。

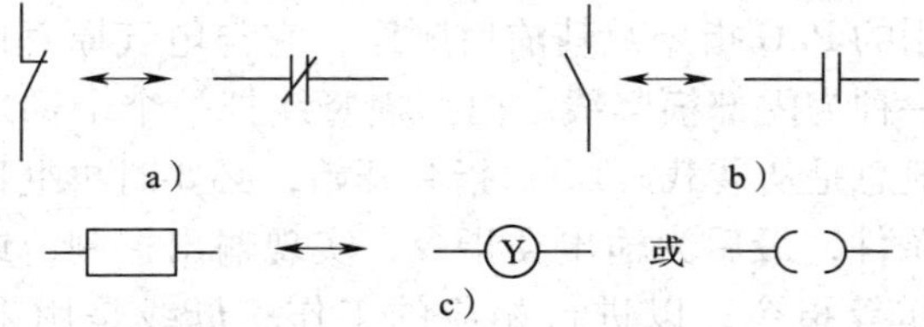

图 1—2—3　继电器符号与 PLC 梯形图符号对比

a）常闭触点　b）常开触点　c）线圈

继电接触控制电路转换成 PLC 梯形图的步骤：

（1）理解继电接触控制电路的工作原理。

（2）整理继电接触控制电路线路图。

（3）确定 PLC 输入点、输出点。

（4）画出 PLC 外部 I/O 接线图。

（5）画出 PLC 梯形图。

例 1—2—1：（1）电动机启停保控制的继电器控制线路如图 1—2—4 所示。其中，KH 为过载保护，SB2 是启动按钮，SB1 是停止按钮，KM 是继电器。

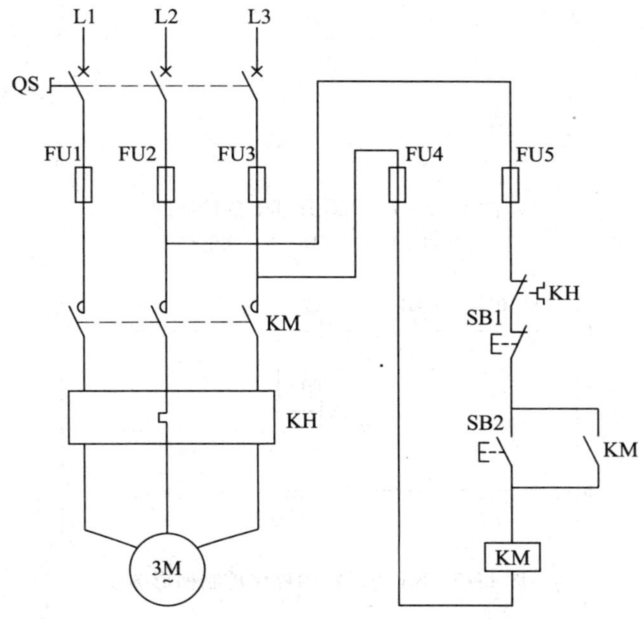

图 1—2—4　电动机启停保控制的继电器控制线路

（2）整理控制线路图（见图 1—2—5）

（3）确定 PLC 输入点、输出点（见图 1—2—6）。

（4）画出 PLC 外部 I/O 接线图（见图 1—2—7）。

（5）画出 PLC 梯形图（见图 1—2—8）。

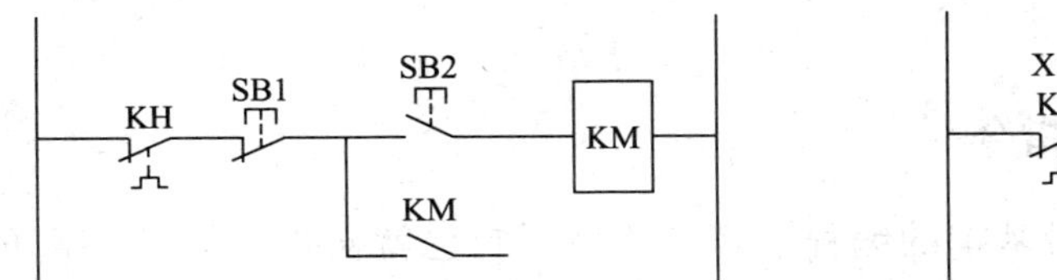

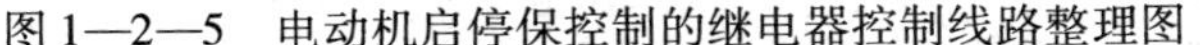
图 1—2—5　电动机启停保控制的继电器控制线路整理图

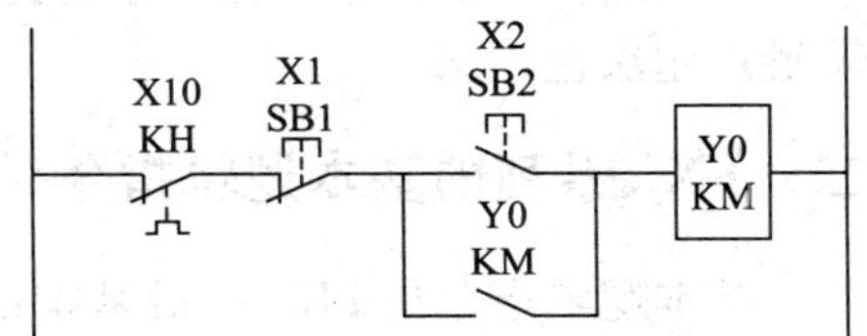

图 1—2—6　PLC 输入点图

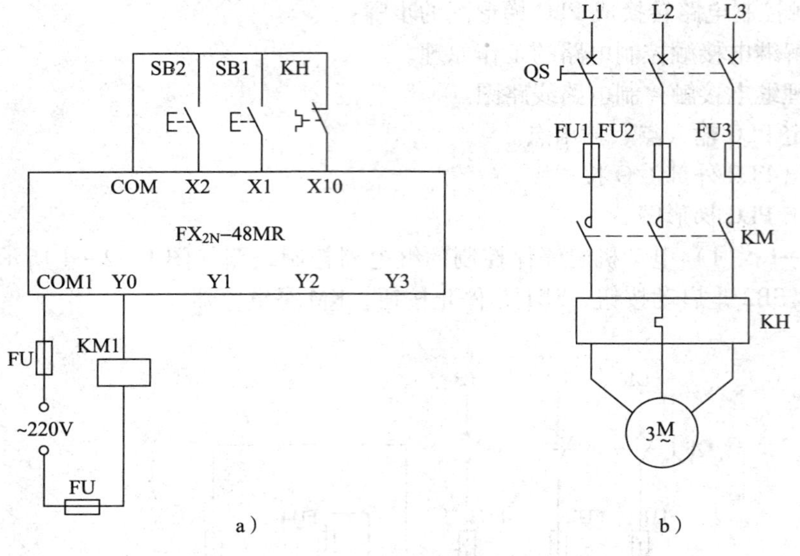

a） b）

图 1—2—7 PLC 外部 I/O 接线图

a）PLC I/O 接线图 b）主电路

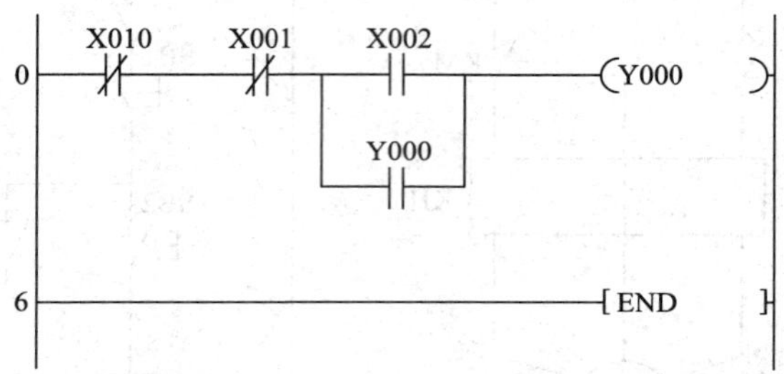

图 1—2—8 电动机启停保控制梯形图

例 1—2—2：（1）电动机正反转控制的继电器控制线路如图 1—2—9 所示，当按下 SB1 按钮后，继电器 KM1 线圈得电，其常开触点吸合，电动机正转；当按下 SB2 按钮后，继电器 KM2 线圈得电，其常开触点吸合，电动机反转。

（2）其对应的梯形图如图 1—2—10 所示，其中，X001 对应 SB1 按钮，X002 对应 SB2 按钮，X003 对应 SB3 按钮，Y001 对应 KM1 线圈，Y002 对应 KM2 线圈。

从以上继电器控制线路图与 PLC 梯形图可以看出，它们两者非常类似，除了触点、线圈符号不同，其他都很相似。值得提出的是继电器接线与 PLC 接线的方法不同，常开、常闭触点用法也不同。

二、FX_{2N}系列的基本逻辑指令

基本逻辑指令是 PLC 中最基本的编程语言，掌握了它也就初步掌握了 PLC 的使用方法，各种型号 PLC 的基本逻辑指令都大同小异，下面以 FX_{2N}系列为例，逐条学习常用基本逻辑指令的功能和使用方法。

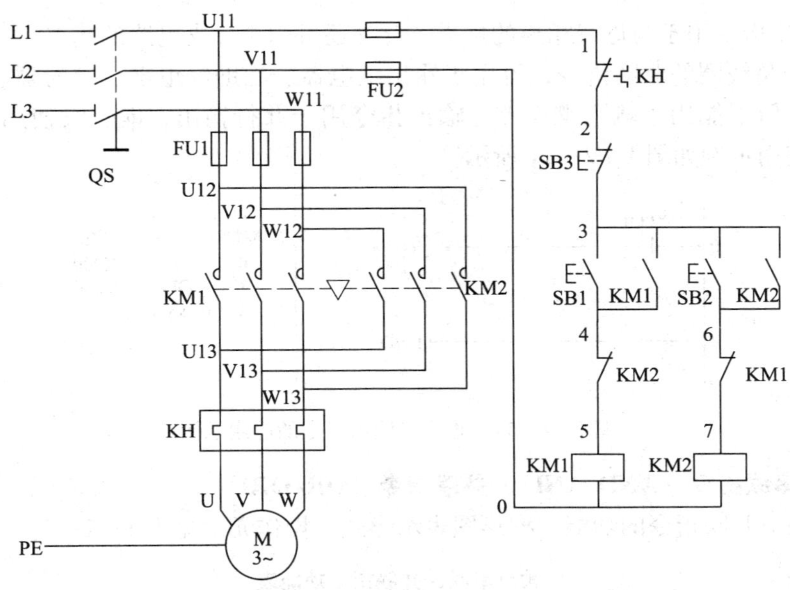

图 1—2—9　电动机正反转控制的继电器控制线路

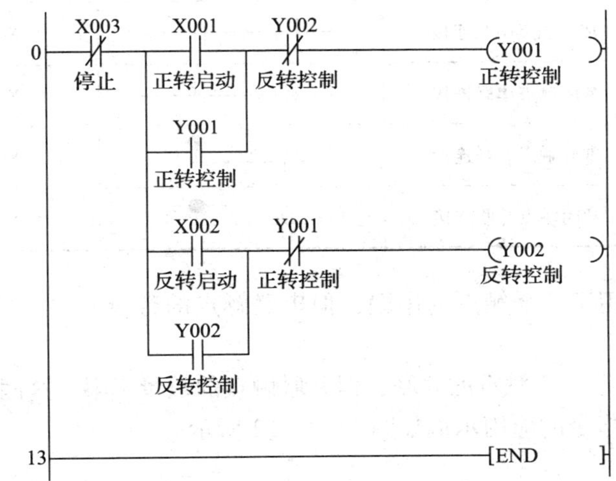

图 1—2—10　电动机正反转控制梯形图

1. 输入、输出指令（LD/LDI/OUT）

输入、输出指令的功能、梯形图表示形式、操作元件见表 1—2—1。

表 1—2—1　　**输入、输出指令功能表**

符号（名称）	功能	梯形图表示	操作元件
LD（取）	常开触点与母线相连		X、Y、M、T、C、S
LDI（取反）	常闭触点与母线相连		X、Y、M、T、C、S
OUT（输出）	线圈驱动	或	Y、M、T、C、S

LD 与 LDI 指令用于与母线相连的接点，此外还可用于分支电路的起点。

OUT 指令是线圈的驱动指令，可用于输出继电器、辅助继电器、定时器、计数器、状态寄存器等，但不能用于输入继电器。输出指令用于并行输出，能连续使用多次。输入、输出指令的应用示例如图 1—2—11 所示。

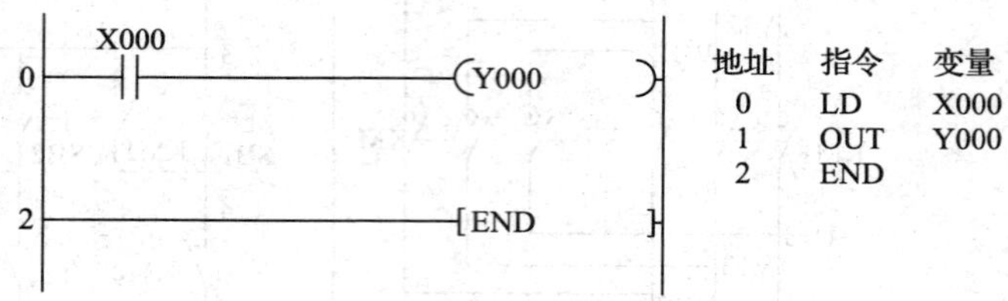

图 1—2—11 输入、输出指令的应用示例

2. 触点串联指令（AND/ANI）、并联指令（OR/ORI）

触点串联、并联指令的功能、梯形图表示形式、操作元件见表 1—2—2。

表 1—2—2　　触点串联、并联指令功能表

符号（名称）	功能	梯形图表示	操作元件
AND（与）	常开触点串联连接		X、Y、M、T、C、S
ANI（与非）	常闭触点串联连接		X、Y、M、T、C、S
OR（或）	常开触点并联连接		X、Y、M、T、C、S
ORI（或非）	常闭触点并联连接		X、Y、M、T、C、S

AND、ANI 指令用于一个触点的串联，但串联触点的数量不限，这两个指令可连续使用。

OR、ORI 指令用于一个触点的并联，但并联触点的数量不限，这两个指令可连续使用。

触点串联、并联指令的应用示例如图 1—2—12 所示。

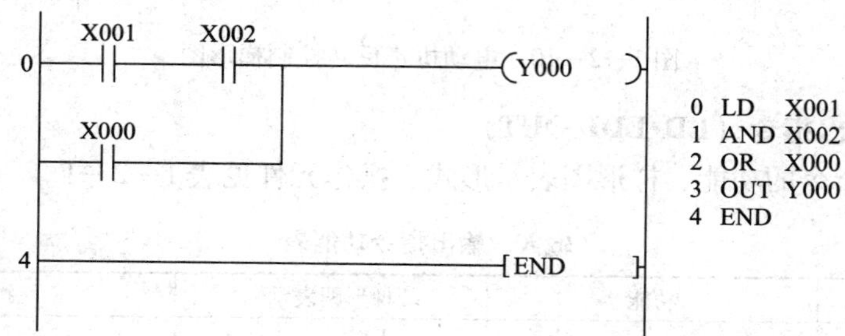

图 1—2—12 触点串联、并联指令的应用示例

3. 程序结束指令（END）

程序结束指令的功能、梯形图表示形式、操作元件见表 1—2—3。

表 1—2—3　　程序结束指令功能表

符号（名称）	功能	梯形图表示	操作元件
END（结束）	程序结束	-［END］	无

在程序结束处写上 END 指令，PLC 只执行第一步至 END 之间的程序，并立即输出处理。若不写 END 指令，PLC 将从用户存储器的第一步执行到最后一步，因此，使用 END 指令可缩短扫描周期。另外，在调试程序时，可以将 END 指令插在各程序段之后，分段检查各程序段的动作，确认无误后，再依次删去插入的 END 指令。

小贴士

在 PLC 接线电路中热继电器触点 KH 的接线方法

热继电器 KH 在电路中的保护有以下两种方法：

方法一：在 PLC 程序中作保护，用热继电器 KH 的常闭或常开触点作为 PLC 的输入继电器，如图 1—2—13 所示。由于热继电器 KH 的常闭触点与 PLC 的输入继电器 X0 连接，在未发生过载情况时，X0 被接通，所以程序中 X0 的常开触点闭合，为输出继电器 Y0 线圈通电做好准备；当发生过载时，热继电器的常闭触点分断，X0 断电，程序中 X0 的常开触点恢复分断状态，输出继电器 Y0 线圈断电，起到过载保护作用，对应梯形图如图 1—2—14 所示。

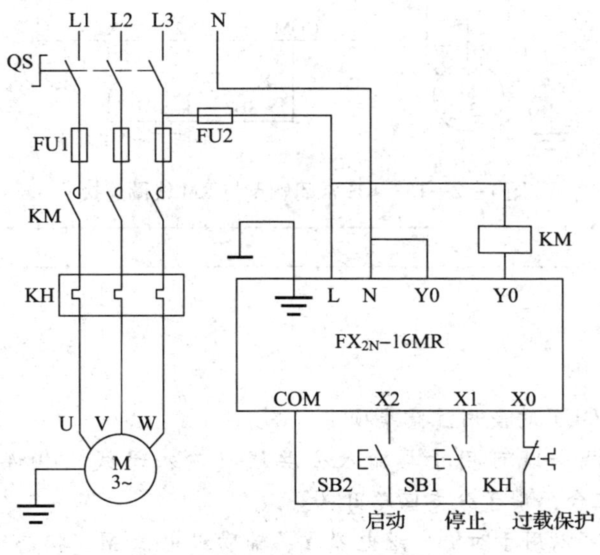

图 1—2—13　KH 常闭触点与输入继电器 X0 连接

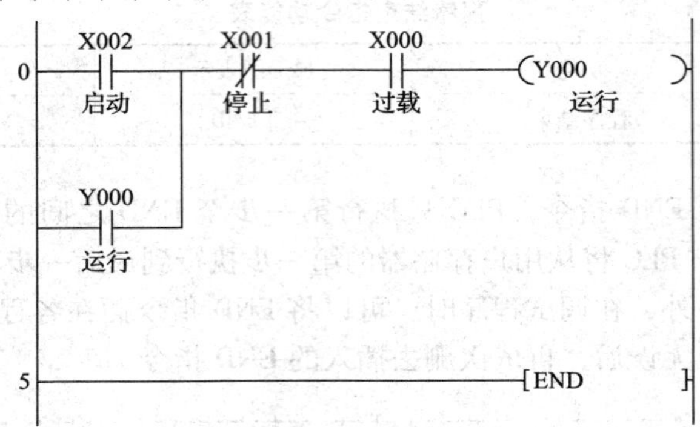

图 1—2—14 梯形图

方法二：在电气控制回路中作保护，当电动机过载保护时，只有 KM 线圈停电起保护作用（见图 1—2—15）。

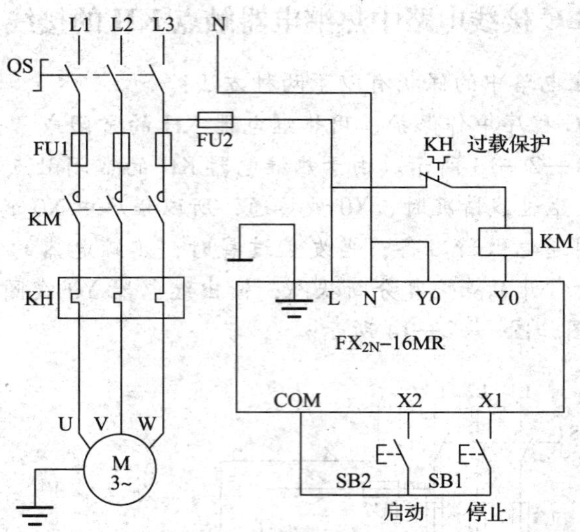

图 1—2—15 KH 常闭触点与 KM 线圈连接

小词典

一、LD/LDI/OUT 的使用注意事项

1. LD、LDI 指令既可用于与输入公共线（输入母线）相连的触点，也可与 ANB、ORB 指令配合，用于分支回路开头。

2. OUT 指令可以用于对输出继电器 Y、辅助继电器 M、状态寄存器 S、定时器 T、计数器 C 的线圈驱动，对输入继电器 X 不能使用。

3. OUT 指令可以连续使用任意次，相当于线圈的并联。

4. 对定时器、计数器使用 OUT 指令后，必须设定常数 K（如 OUT　T1　K50；OUT　C10　K3）。

二、AND/ANI、OR/ORI 的使用注意事项

1. AND、ANI 是单个触点串联连接指令，串联的次数没有限制，可多次重复使用。

2. OR、ORI 指令用于一个触点的并联，它可对其前面 LD 或 LDI 指令所规定的触点再并联一个触点，其并联次数可以是任意次，即可以连续使用。

任务实施

1. 根据传送带运输机的控制要求编写传送带单向运行控制程序。

要求：

（1）按启动按钮传送带单向运行。

（2）按停止按钮传送带停止运行。

（3）传送带控制线路具有过载、短路、漏电保护功能。

（4）写出传送带控制线路的 I/O 分配表。

（5）画出传送带控制线路的 I/O 接线图，根据现场 PLC 的硬件进行接线。

（6）写出传送带运行控制程序的梯形图。

（7）写出传送带运行控制程序的指令表。

2. 根据传送带运输机的控制要求编写传送带正反转运行控制程序。

要求：

（1）按正向启动按钮传送带正向运行。

（2）按反向启动按钮传送带反向运行。

（3）按停止按钮传送带停止运行。

（4）传送带控制线路的正向运行和反向运行具有联锁功能。

（5）传送带控制线路具有过载、短路、漏电保护功能。

（6）写出传送带控制线路的 I/O 分配表。

（7）画出传送带控制线路的 I/O 接线图，根据现场 PLC 的硬件进行接线。

（8）写出传送带运行控制程序的梯形图。

（9）写出传送带运行控制程序的指令表。

3. 利用传送带运输机传感器编写传送带自动往返运行控制程序。

要求：

（1）按正向启动按钮传送带正向运行，物料从 A 点运行至 B 点，传送带末端传感器 A2 动作，传送带反向运行；物料从 B 点运行至 A 点，传送带末端传感器 A1 动作，传送带正向运行，如此反复运行。

（2）按停止按钮传送带停止运行。

（3）传送带控制线路的正向运行和反向运行具有联锁功能。
（4）传送带控制线路具有超程联锁功能。
（5）传送带控制线路具有过载、短路、漏电保护功能。
（6）写出传送带控制线路的 I/O 分配表。
（7）画出传送带控制线路的 I/O 接线图，根据现场 PLC 的硬件进行接线。
（8）写出传送带运行控制程序的梯形图。
（9）写出传送带运行控制程序的指令表。

学习活动 3　PLC 编程软件的应用

学习目标

1. 了解 GX Developer 编程软件安装环境。
2. 了解 GX Developer 编程软件菜单栏常用主菜单作用。
3. 熟记 GX Developer 编程软件常用工具栏各快捷图标的功能和用途。
4. 学会在 GX Developer 编程软件的梯形图编辑 PLC 梯形图。
5. 学会利用 GX Developer 编程软件与 PLC 通信。

知识准备

一、编程软件的介绍

三菱 PLC 编程软件有好几个版本，有早期的 FXGP/DOS 和 FXGP/WIN－C 及现在常用的 GPP For Windows 和最新的 GX Developer（简称 GX），实际上 GX Developer 是 GPP For Windows 的升级版本，相互兼容，但 GX Developer 界面更友好，功能更强大，使用更方便。

这里介绍的 GX Developer8. 86（SW7D5C－GXW－C）版本，它适用于 Q 系列、QnA 系列及 FX 系列的 PLC。GX 编程软件可以编写梯形图程序和状态转移图程序（全系列），它支持在线和离线编程功能，并具有软元件注释、声明、注解及程序监视、测试、故障诊断、程序检查等功能。此外，它还具有突出的运行写入功能，而不需要频繁操作 STOP/RUN 开关，方便程序调试。

GX 编程软件可在 Windows2000/Windows XP 及 Windows 7（32 位）操作系统中运行。该编程软件简单易学，具有丰富的工具箱，直观形象的视窗界面。此外，GX 编程软件可直接设定 CC－link 及其他三菱网络的参数，能方便地实现监控、故障诊断、程序的传送及程序的复制、删除和打印等功能。

二、编程软件操作方法

在计算机上安装 GX 编程软件后，运行 GX 软件，其界面如图 1—3—1 所示。

MELSOFT系列 GX Developer
工程(F) 编辑(E) 查找/替换(S) 显示(V) 在线(O) 诊断(D) 工具(T) 窗口(W) 帮助(H)
工程
准备完毕

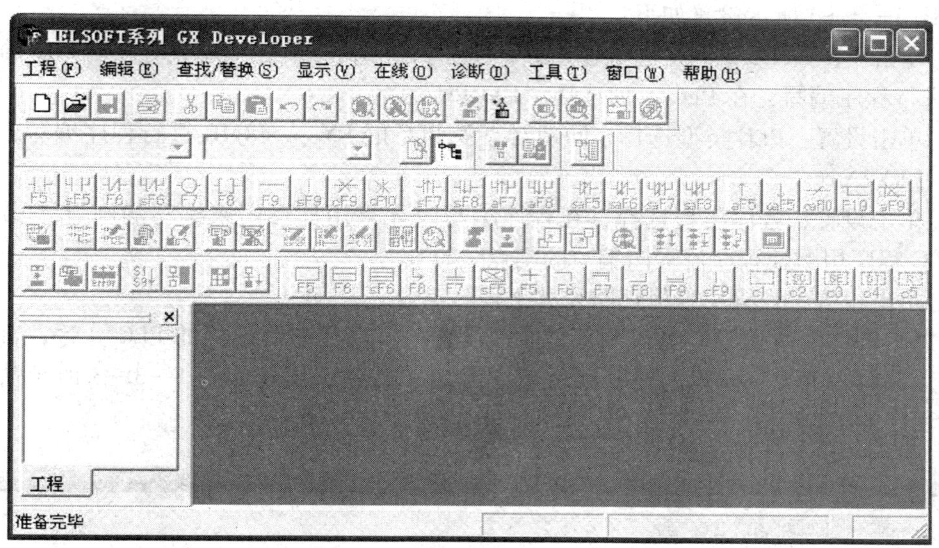

图 1—3—1 运行 GX 后的界面

可以看到该窗口编辑区域是不可用的，工具栏中除了新建和打开按钮可用以外，其余按钮均不可用，单击图 1—3—1 中的 按钮，或执行“工程”菜单中的“创建新工程”命令，可创建一个新工程，出现如图 1—3—2 所示画面。

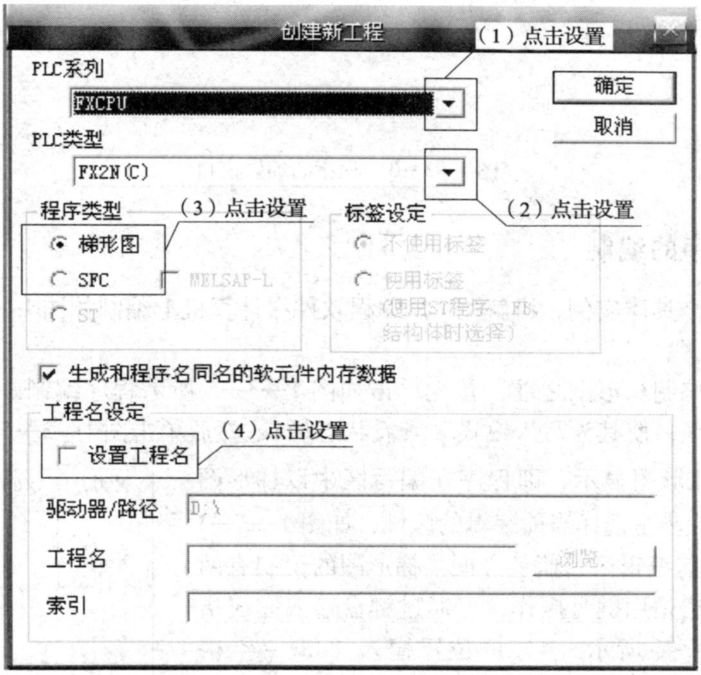

创建新工程
（1）点击设置
PLC系列
FXCPU
确定
取消
PLC类型
FX2N(C)
程序类型
（3）点击设置
标签设定
（2）点击设置
梯形图
SFC
MELSAP-L
ST
不使用标签
使用标签
(使用ST程序、FB、结构体时选择)
生成和程序名同名的软元件内存数据
工程名设定
（4）点击设置
设置工程名
驱动器/路径
D:\
工程名
浏览...
索引

图 1—3—2 建立新工程画面

按图1—3—2所示设置如下：

1. 单击设置：PLC系列是选择对应要编写程序的PLC系列，如现在对三菱PLC的FX_{2N}-48MR进行程序编写，在PLC系列选择“FXCPU”。

2. 单击设置：PLC类型选择，同理对三菱PLC的FX_{2N}-48MR进行程序编写，在这项中选定“FX2N（C）”。

3. 单击设置：程序类型选择，在程序编写时如果用梯形图来编写的则点“梯形图”，如果PLC程序用顺控程序流程图编写的则点“SFC”。

4. 单击设置：设置工程保存路径和工程名等。

注意，PLC系列和PLC型号两项是必须设置项，且须与所连接的PLC一致，否则程序将可能无法写入PLC。设置上述各项后按“确定”按钮，出现如图1—3—3所示窗口，即可进行程序的编制。

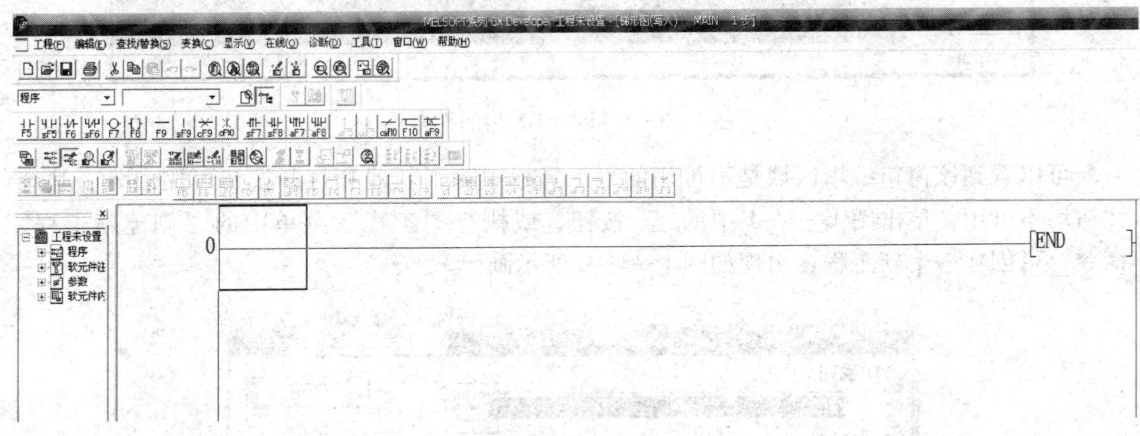

图1—3—3　程序的编辑窗口

三、梯形图程序的编制

下面通过一个具体实例，讲解用GX编程软件在计算机上编制如图1—3—4所示的梯形图程序的操作步骤。

在用计算机编制梯形图之前，首先单击如图1—3—5所示程序编制画面中的位置（1）按钮或按F2键，使其为写入模式（查看状态栏），然后单击图1—3—5所示的位置（2）按钮，选择梯形图显示，即程序在编写区中以梯形图的形式显示。下一步是选择当前编辑的区域，如图1—3—5所示的（3），当前编辑区为蓝色方框。梯形图的绘制有两种方法，一种方法是用键盘操作，即通过键盘输入完成指令，如在图1—3—5所示（4）的位置输入“LD-空格-X0”，按Enter键（或单击确定），则X0的常开触点就在编写区域中显示出来，然后再输入LDI X1、OUT Y0、

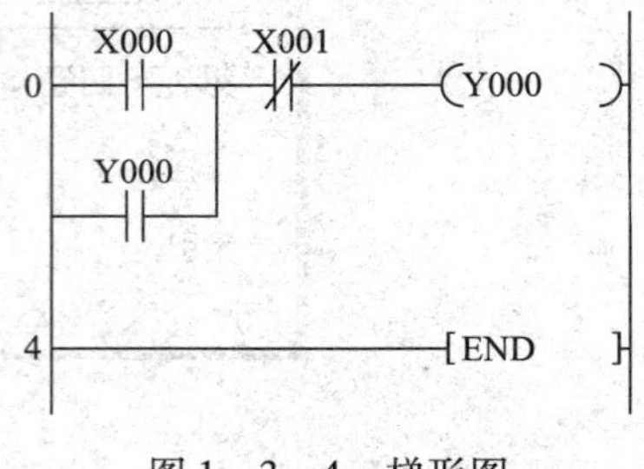

图1—3—4　梯形图

OR Y0，即绘制出如图 1—3—6 所示图形。梯形图程序编制完成后，在写入 PLC 之前，必须进行变换，单击图 1—3—6 中“变换”菜单下的“变换”命令，或直接按 F4 键完成变换，此时编写区不再是灰色状态，可以存盘或传送。

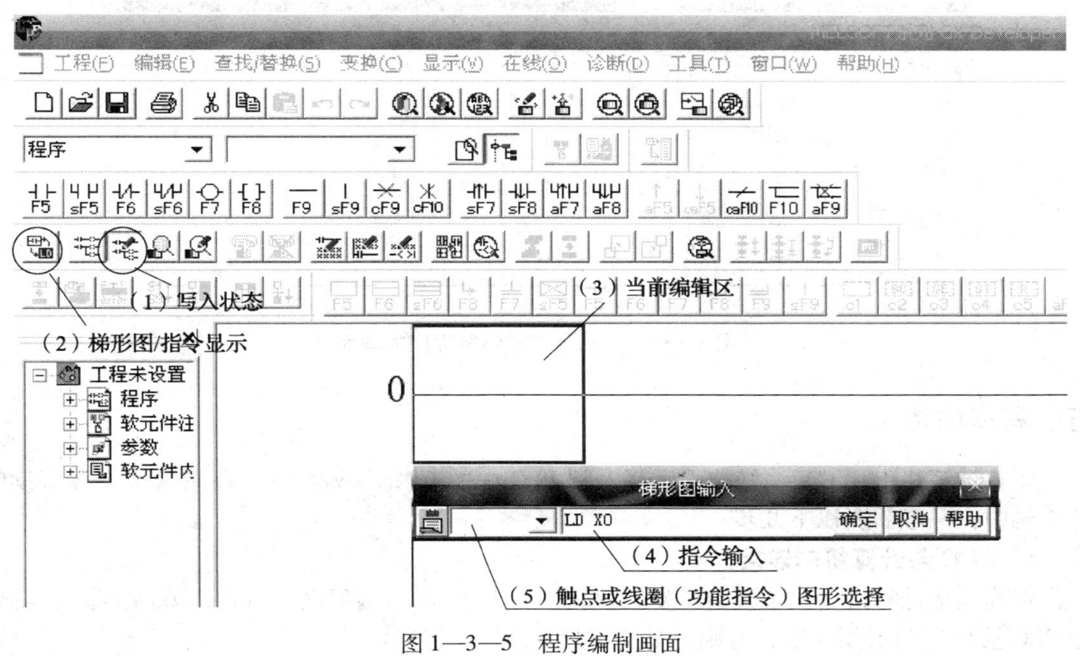

图 1—3—5　程序编制画面

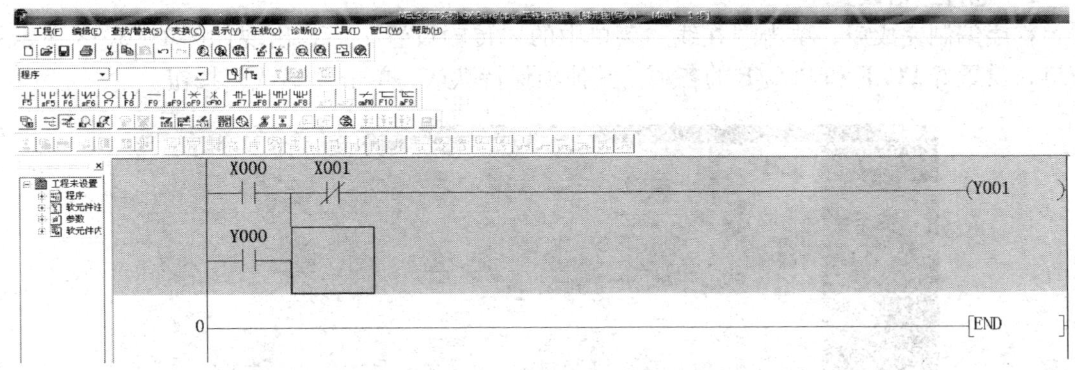

图 1—3—6　程序变换前的画面

注意，在输入的时候要注意阿拉伯数字 0 和英文字母 O 的区别以及空格的问题。

另一种方法是用鼠标和键盘操作，即用鼠标选择工具栏中的图形符号，再键入其软元件和软元件号，输入完毕按 Enter 键即可。

四、指令方式编制程序

指令方式编制程序即直接输入指令的编程方式，并以指令的形式显示。对于图 1—3—4 所示的梯形图，其指令表程序在屏幕上的显示如图 1—3—7 所示。输入指令的操作与上述介绍的用键盘输入指令的方法完全相同，只是显示不同，且指令表程序不需要变换，并可在梯形图显示与指令表显示之间切换（Alt + F1 键）或单击图 1—3—5 中的位置（2） 按钮。

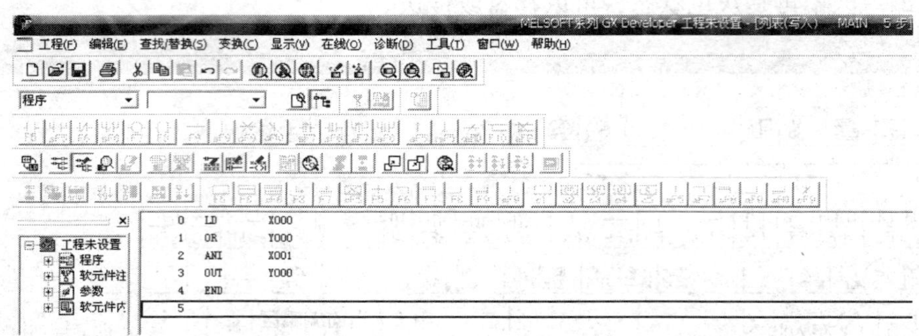

图 1—3—7　指令方式编制程序的画面

五、程序的传输

要将计算机上用 GX 编好的程序写入到 PLC 中的 CPU，或将 PLC 存储器中的程序读到计算机中，一般需要以下几步：

1. PLC 与计算机的连接

正确连接计算机（已安装好 GX 编程软件）和 PLC 的编程电缆（SC－09 电缆），特别是 PLC 接口方向不要弄错，否则容易造成损坏。

2. 进行通信设置

程序编制完成后，单击“在线”菜单中的“传输设置”后，出现如图 1—3—8 所示的窗口，设置好 PC/F 和 PLC/F 的各项，其他项保持默认，单击“确认”按钮。

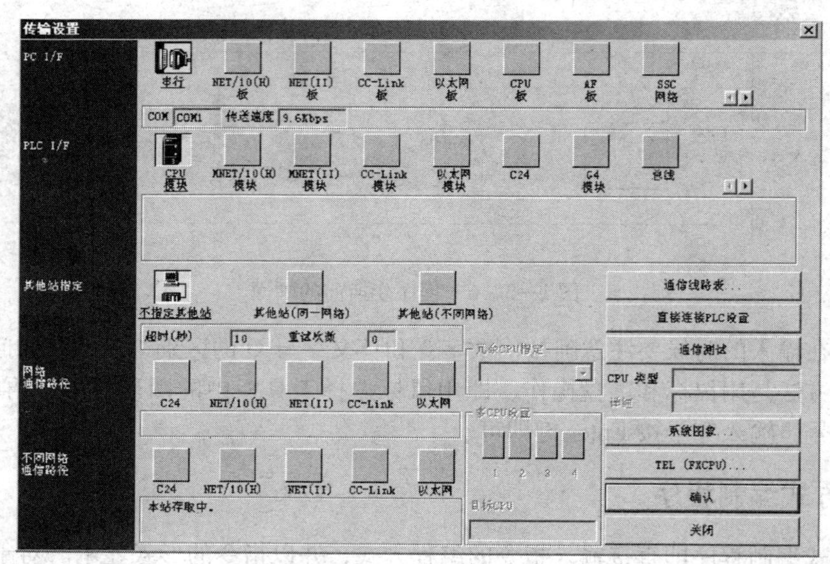

图 1—3—8　通信设置画面

3. 程序写入、读出

若要将计算机中编制好的程序写入到 PLC，单击“在线”菜单中的“写入 PLC”，则出现如图 1—3—9 所示窗口，根据出现的窗口进行操作。选中主程序，再单击“开始执行”即可。若要将 PLC 中的程序读出到计算机中，其操作与程序写入操作相似。

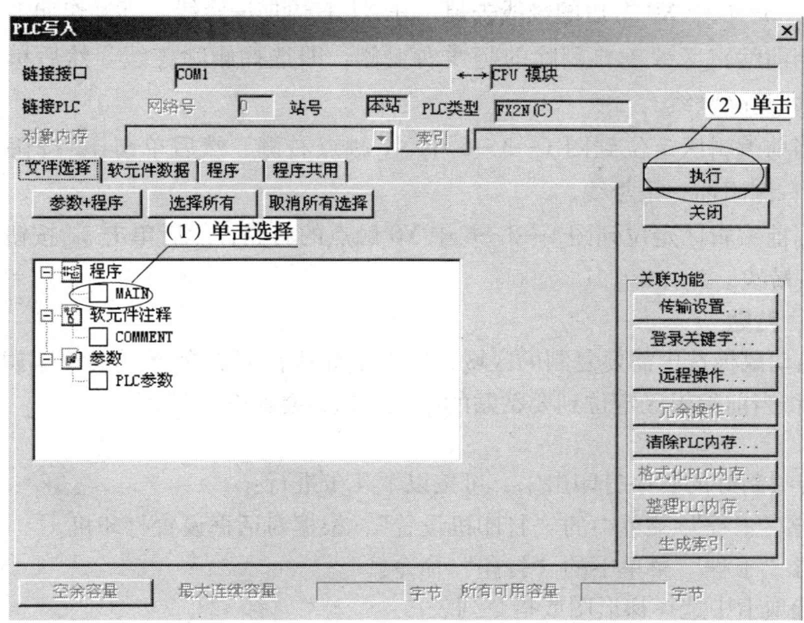

图 1—3—9　程序写入画面

六、编辑操作

1. 删除、插入

删除、插入操作可以是一个图形符号，也可以是一行，还可以是一列（END 指令不能被删除），其操作有以下几种方法：

（1）将当前编辑区定位到要删除、插入的图形处，右击鼠标，再在快捷菜单中选择需要的操作。

（2）将当前编辑区定位到要删除、插入的图形处，在“编辑”菜单中执行相应的命令。

（3）将当前编辑区定位到要删除的图形处，然后按键盘上的 Del 键，即可。

（4）若要删除某一段程序时，可拖动鼠标选中该段程序，然后按键盘上的 Del 键，或执行“编辑”菜单中的“删除行”，或“删除列”命令。

（5）按键盘上的 Ins 键，使屏幕右下角显示“插入”，然后将光标移到要插入的图形处，输入要插入的图形、指令即可。

2. 修改

若发现梯形图有错误，可进行修改操作，如将图 1—3—6 中的 X1 常闭改为常开。首先按键盘的 Ins 键，使屏幕右下角显示“写入”，然后将当前编辑区定位到要修改的图形处，输入正确的指令即可。若在 X1 常开后再改成 X2 的常闭，则可输入 LDI X2 或 ANI X2，即将原来错误的程序覆盖。

3．删除、绘制连线

若将图 1—3—6 中 X0 右边的竖线去掉，在 X1 右边加一竖线，其操作如下：

（1）将当前编辑区置于要删除的竖线右上侧，即选择删除连线。然后单击 按钮，再按 Enter 键即删除竖线。

（2）将当前编辑区定位到图 1—3—6 中 X1 触点右侧，然后单击 按钮，再按 Enter 键即可在 X1 右侧添加一条竖线。

（3）将当前编辑区定位到图 1—3—6 中 Y0 触点的右侧，然后单击 按钮，再按 Enter 键即添加一条横线。

4．复制、粘贴

首先，拖动鼠标选中需要复制的区域，右击鼠标执行复制命令（或“编辑”菜单中复制命令），再将当前编辑区定位到要粘贴的区域，执行复制命令即可。

5．打印

如果要将编制好的程序打印出来，可按以下几步进行：

（1）单击“工程”菜单中的“打印机设置”，根据对话框设置打印机。

（2）执行“工程”菜单中的“打印”命令。

（3）在选项卡中选择梯形图或指令列表。

（4）设置要打印的内容，如主程序、注释、声明等。

（5）设置好后，可以进行打印预览，如符合打印要求，则执行“打印”命令。

6．保存、打开工程

当程序编制完成后，必须先进行变换（即单击“变换”菜单中的“变换”），然后单击 按钮或执行“工程”菜单中的“保存”或“另存为”命令。系统会提示（如果新建时未设置）保存的路径和工程名称，设置好路径和键入工程名称再单击“保存”即可。在需要打开保存在计算机中的程序时，单击 按钮，在弹出的窗口中选择保存的驱动器和工程名称再单击“打开”即可。

7．其他功能

如要执行单步执行功能，即单击“在线”—“调试”—“单步执行”，即可使 PLC 一步一步依程序向前执行，从而判断程序是否正确。又如在线修改功能，即单击“工具”—“选项”—“运行时写入”，然后根据对话框进行操作，可在线修改程序的任何部分。还有改变 PLC 的型号、梯形图逻辑测试等功能。

任务实施

1．按已完成的传送带单向运行控制程序在 GX Developer 软件上进行编写。

GX Developer 软件的操作步骤：

（1）双击桌面 图标，运行 GX Developer 软件，如图 1—3—10 所示。

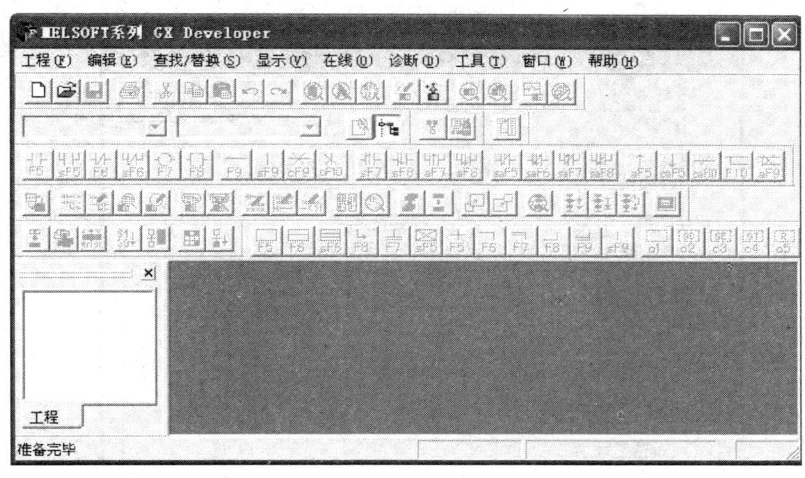

图 1—3—10　MELSOFT 系列 GX Developer 界面

（2）单击“工程”—“创建新工程”菜单创建新工程，如图 1—3—11 所示。

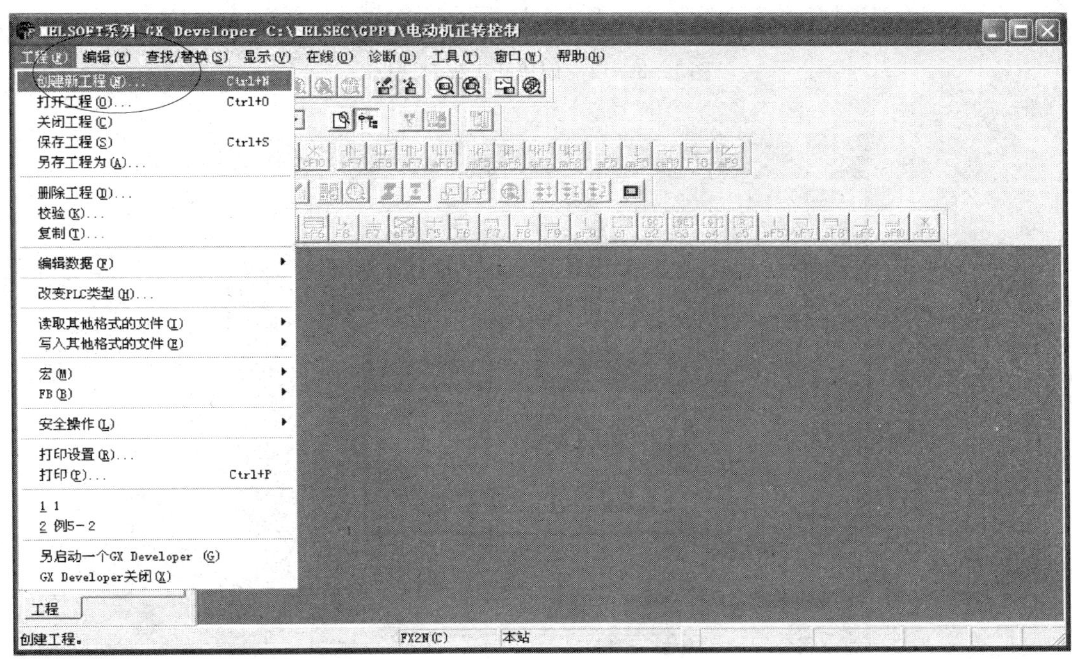

图 1—3—11　创建新工程

单击“创建新工程”，出现如图 1—3—12 所示对话框，在对话框分别选择①PLC 系列（FXCPU）；②PLC 类型（FX2N（C））；③程序类型（梯形图）；④工程名设定（驱动器/

路径；工程名等）如：C：\ MELSEC \ GPPW \ 电动机正转控制；最后单击⑤确定；出现如图 1—3—13 所示对话框，单击“是”。

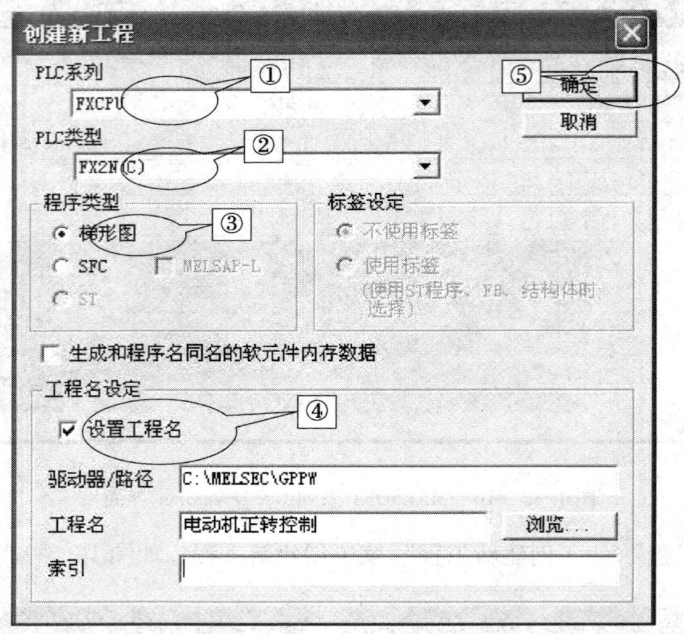

图 1—3—12　创建新工程对话框

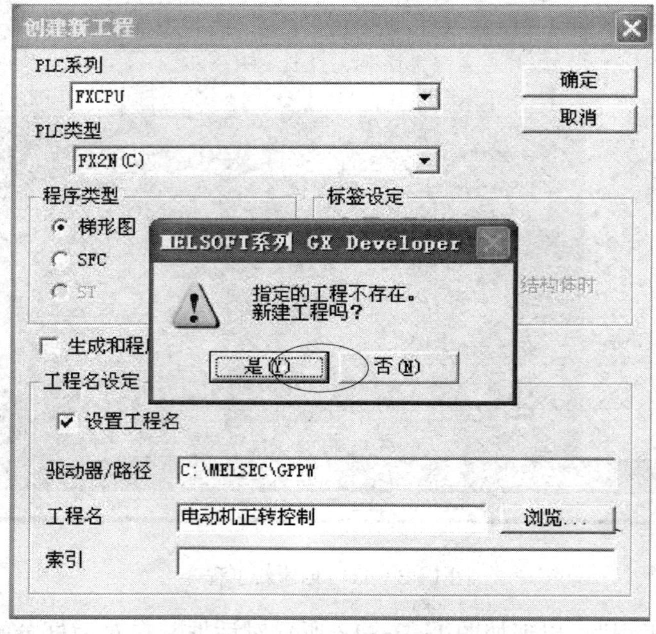

图 1—3—13　创建新工程确认对话框

（3）创建新工程后切换至梯形图（写入）模式窗口，如图 1—3—14 所示。

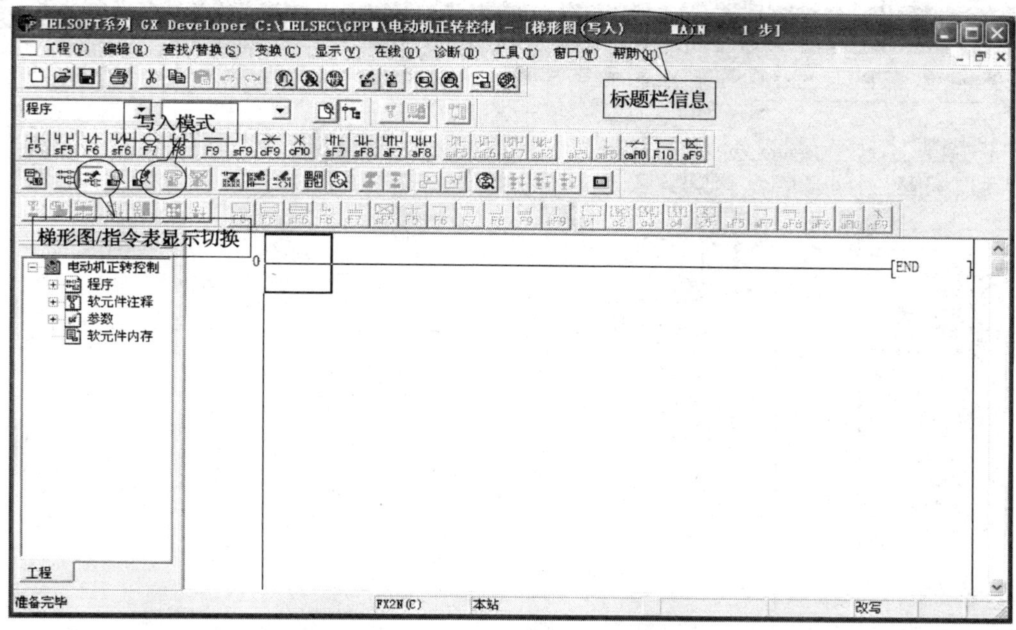

图 1—3—14　梯形图（写入）模式窗口

程序编写 X2 串联常开触点，如图 1—3—15 所示。

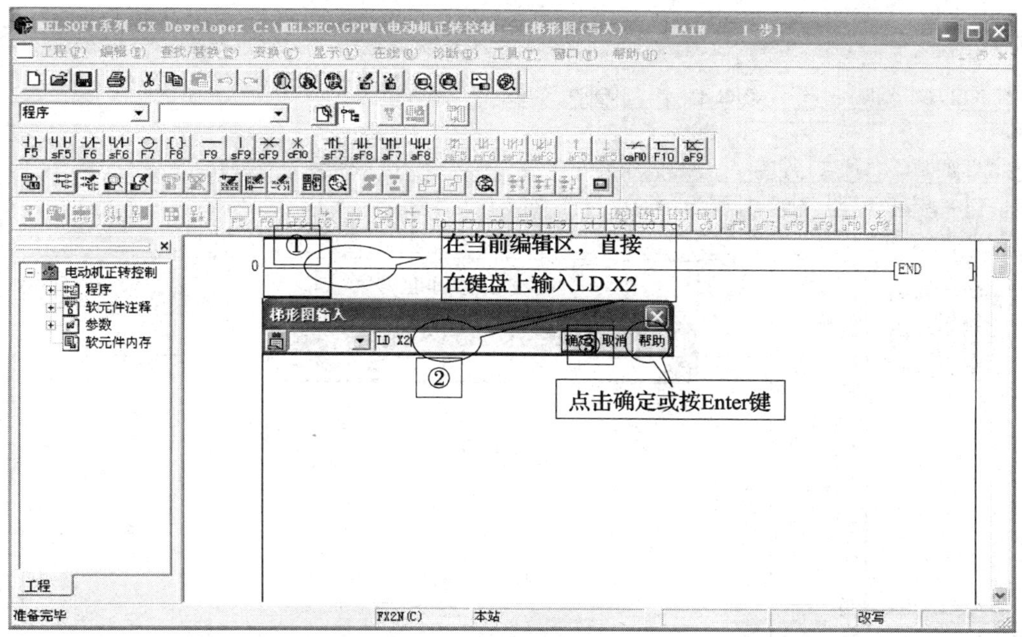

图 1—3—15　X2 串联常开触点的输入方法

确定后出现如图 1—3—16 所示画面。

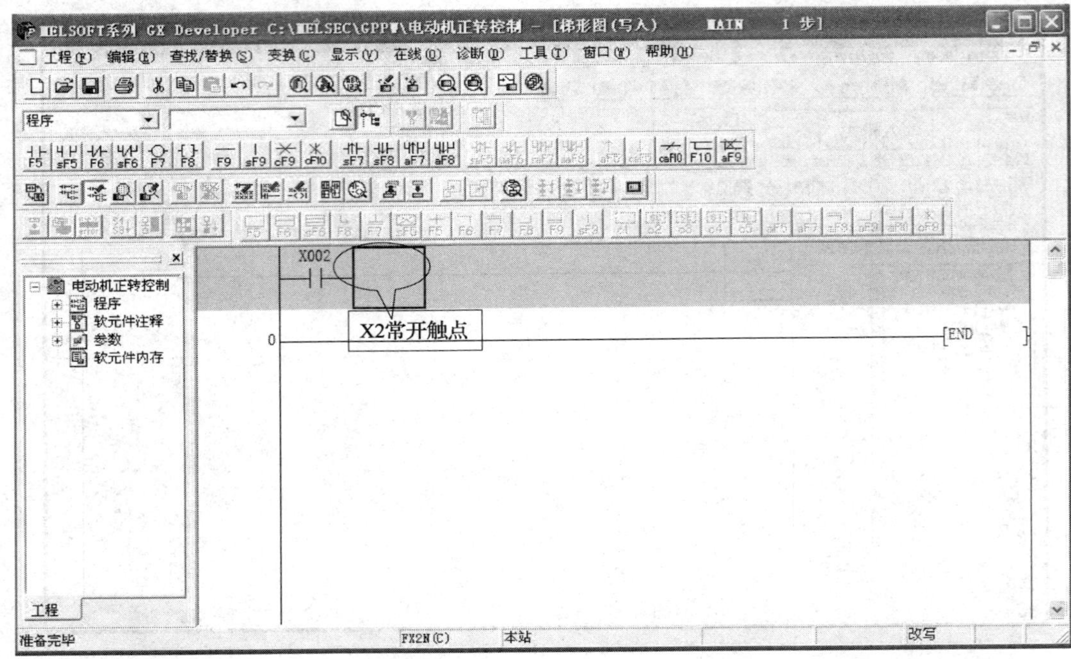

图 1—3—16　X2 常开触点

同理，输入 X1 常闭、X0 常开、Y0 线圈和 Y0 常开，如图 1—3—17 所示。

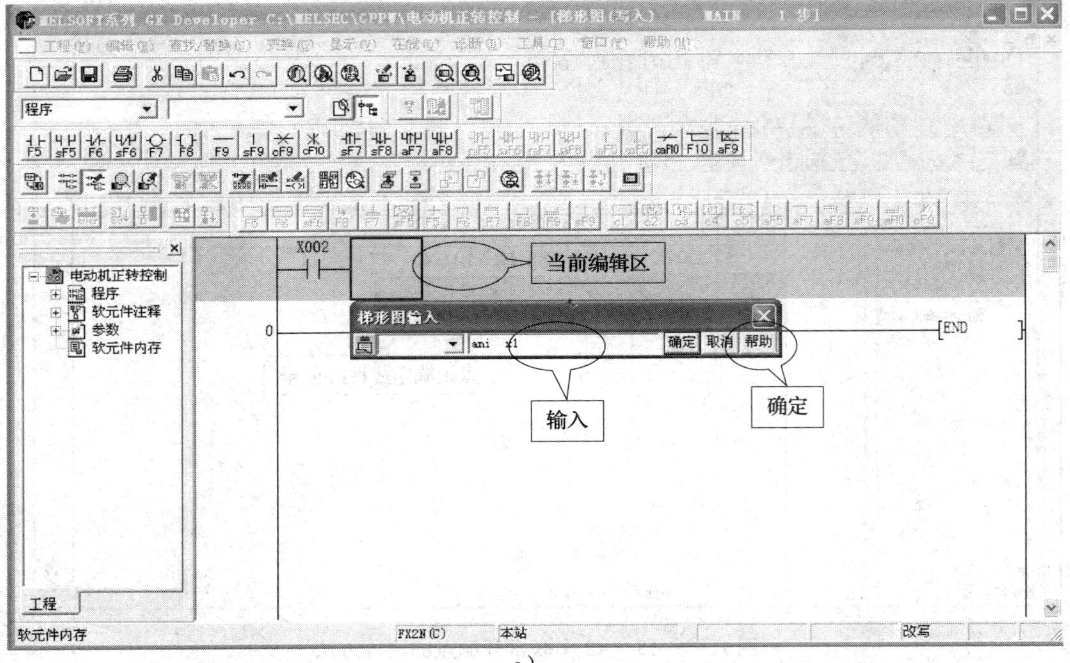

a）

MELSOFT系列 GX Developer C:\MELSEC\GPPW\电动机正转控制 - [梯形图(写入) MAIN 1 步]
电动机正转控制
程序
软元件注释
参数
软元件内存
X002
X001
当前编辑区
梯形图输入
ani x0
确定
取消
帮助
END
输入
确定
准备完毕
FX2N(C)
本站
改写

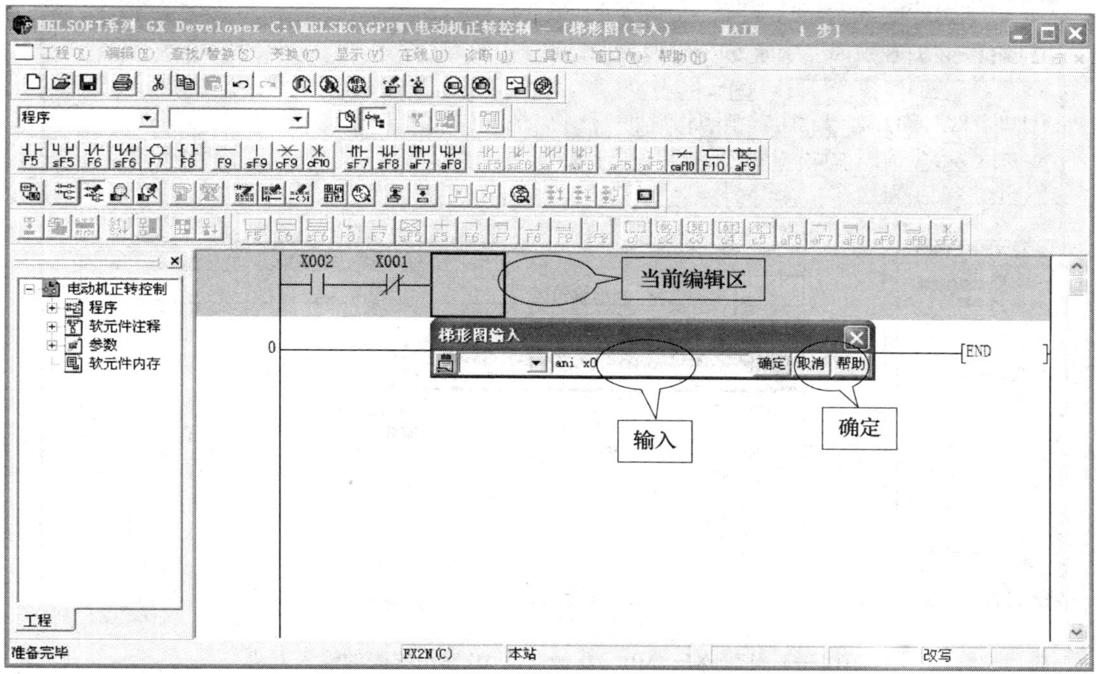

b）

c）

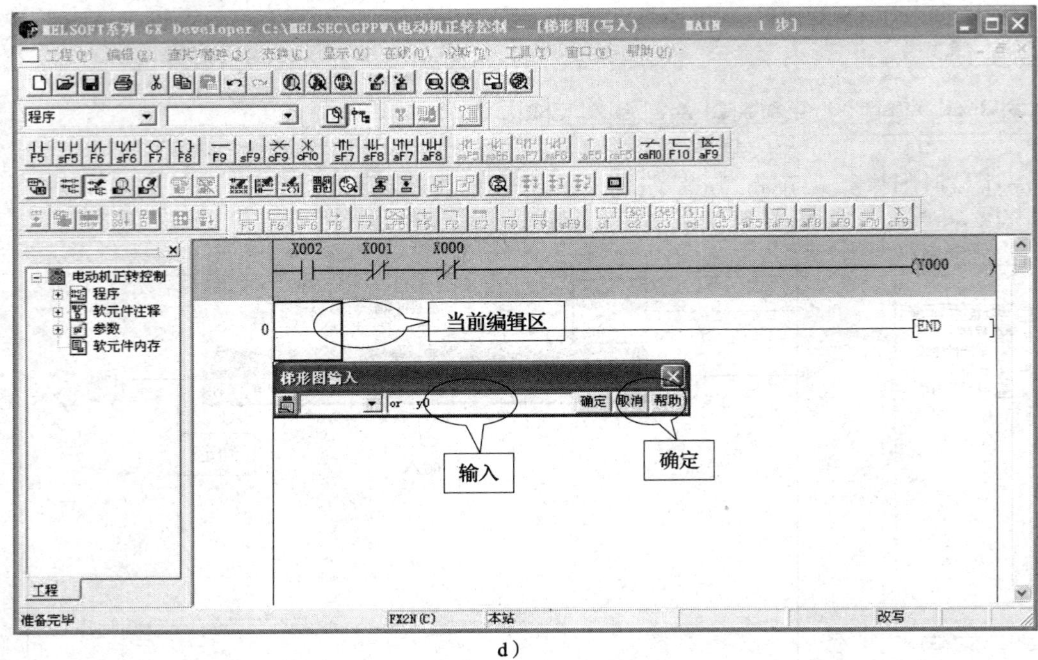

d)

图 1—3—17　X1、X0、Y0 触点及 Y0 输出线圈的输入方法

a）X1 串联常闭触点的输入方法　b）X0 串联常开触点的输入方法

c）Y0 输出线圈的输入方法　d）Y0 并联常开触点的输入方法

（4）将程序梯形图输入完成后进行变换，如图 1—3—18 所示。

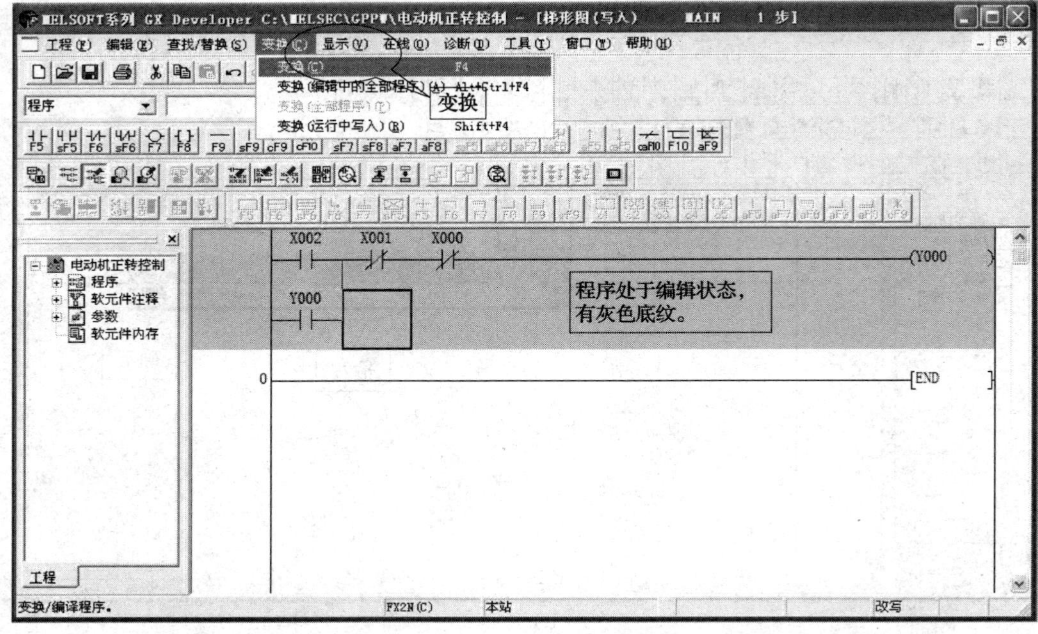

图 1—3—18　梯形图变换

变换后的梯形图，灰色底纹消除、程序步数也改变，如图 1—3—19 所示。

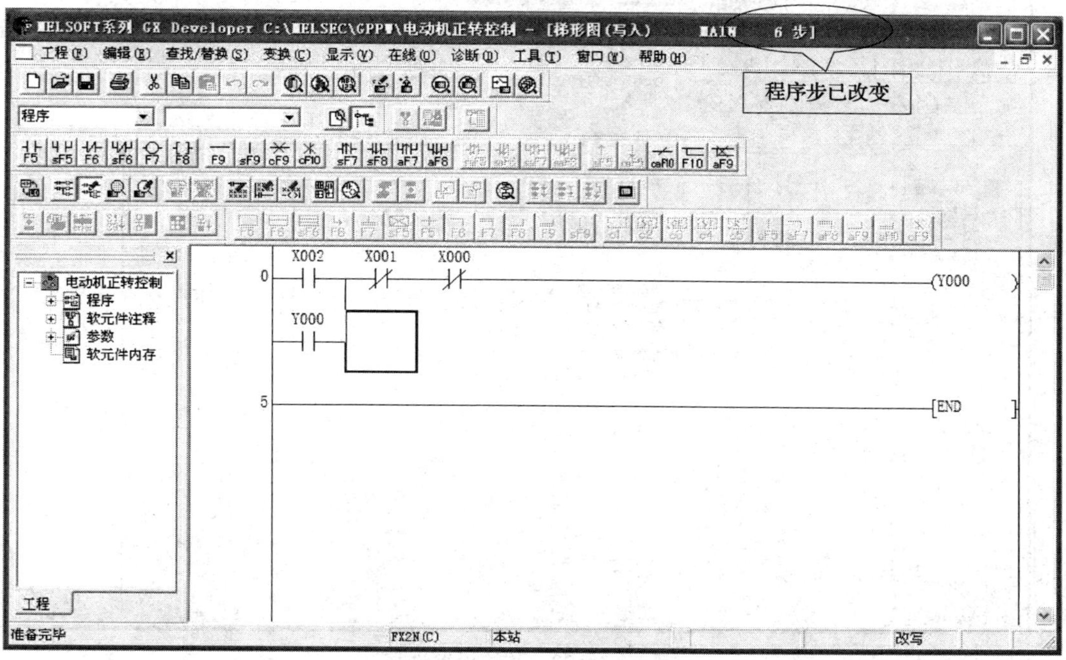

图 1—3—19　变换后的梯形图

提示：

1）在梯形图输入中选择写入模式，然后选定编辑区域，直接以指令格式输入，如图 1—3—7 所示。

2）在梯形图中指令格式输入不区分大小写（在指令表下输入指令也不需要）。

（5）单击“在线”—“传输设置”，如图 1—3—20 所示。单击传输设置后，如图 1—3—21 所示。

在图 1—3—21 中双击串行/USB 后，如图 1—3—22 所示。选择 RS－232C 端口（COM1），单击“确认”。

提示：COM 端口默认为 COM1，如果连接计算机其他 COM 端口（如 COM2、COM3 等），应对应选择。如果是 PLC 通过 USB 端口与计算机连接，应选择 USB（GOT 透明传输）。

如图 1—3—23 所示，单击通信测试，与 FX_{2N}（C）CPU 连接成功，如图 1—3—24 所示。

连接成功后单击“确认”，如图 1—3—25 所示。

（6）程序“在线”—“PLC 写入”

在图 1—3—26 中单击“在线”—“PLC 写入”，弹出如图 1—3—27 所示的对话框。

单击“MAIN”，确认执行 PLC 写入，如图 1—3—28 所示。

执行 PLC 写入确认后，显示执行写入过程，如图 1—3—29 所示。直到写入完成。

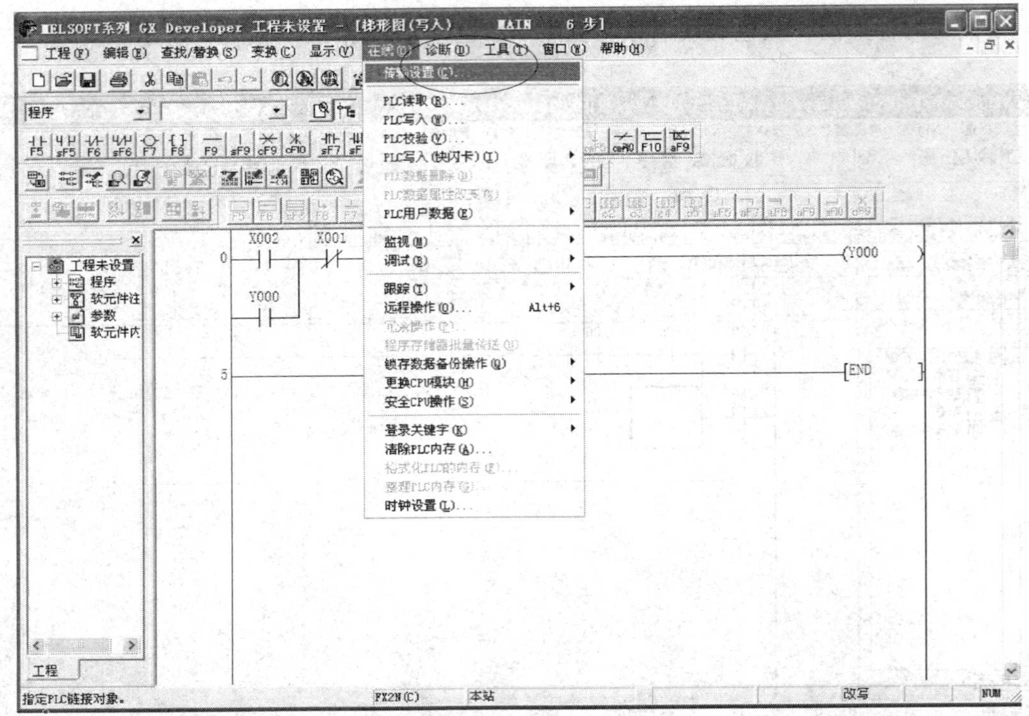

图 1—3—20　传输设置选择

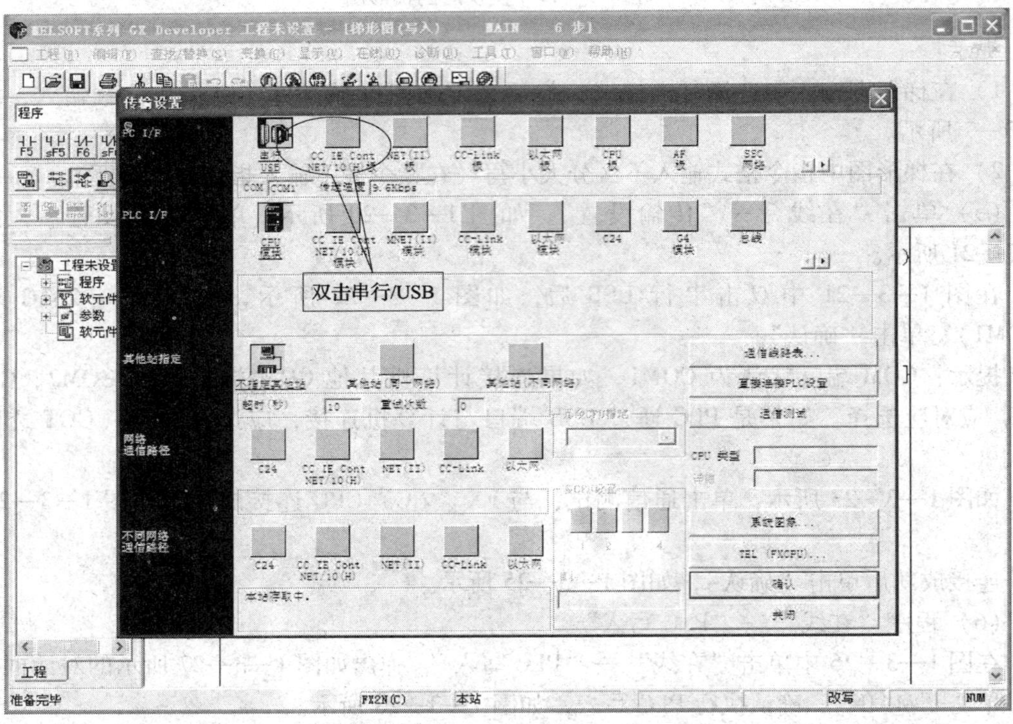

图 1—3—21　传输设置

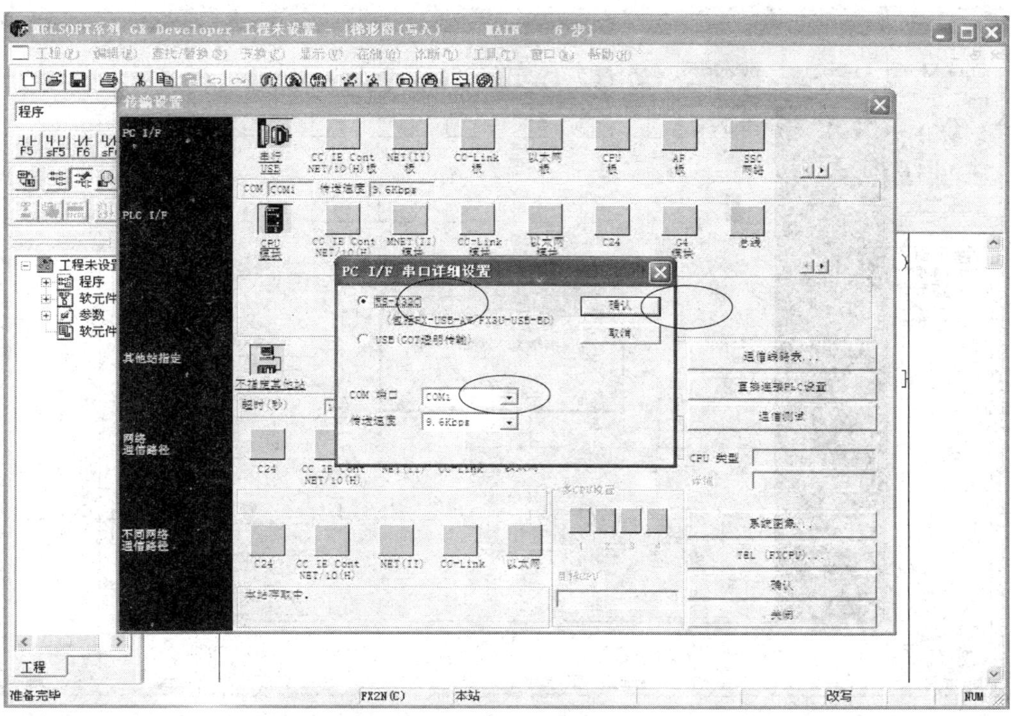

图 1—3—22　PC I/F 串口详细设置

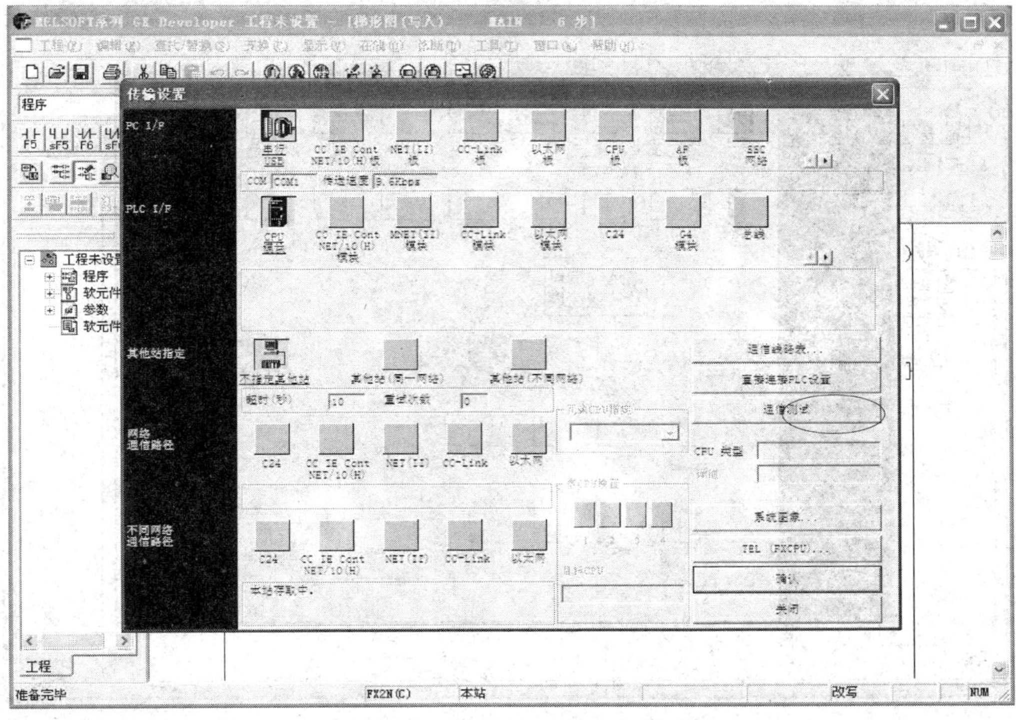

图 1—3—23　通信测试

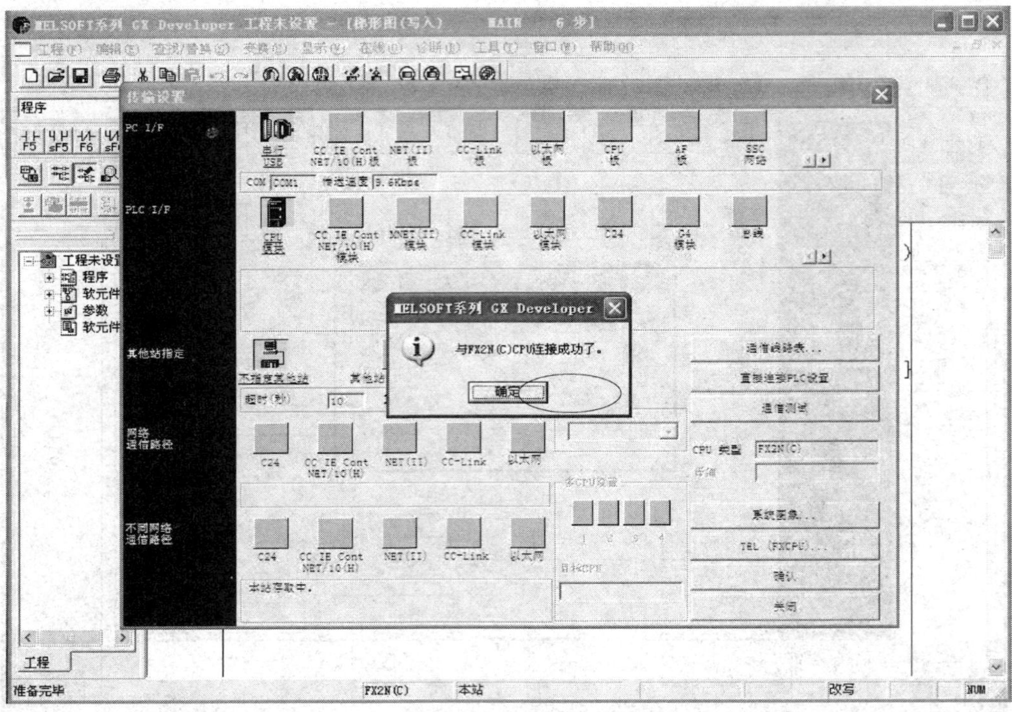

图 1—3—24　连接成功

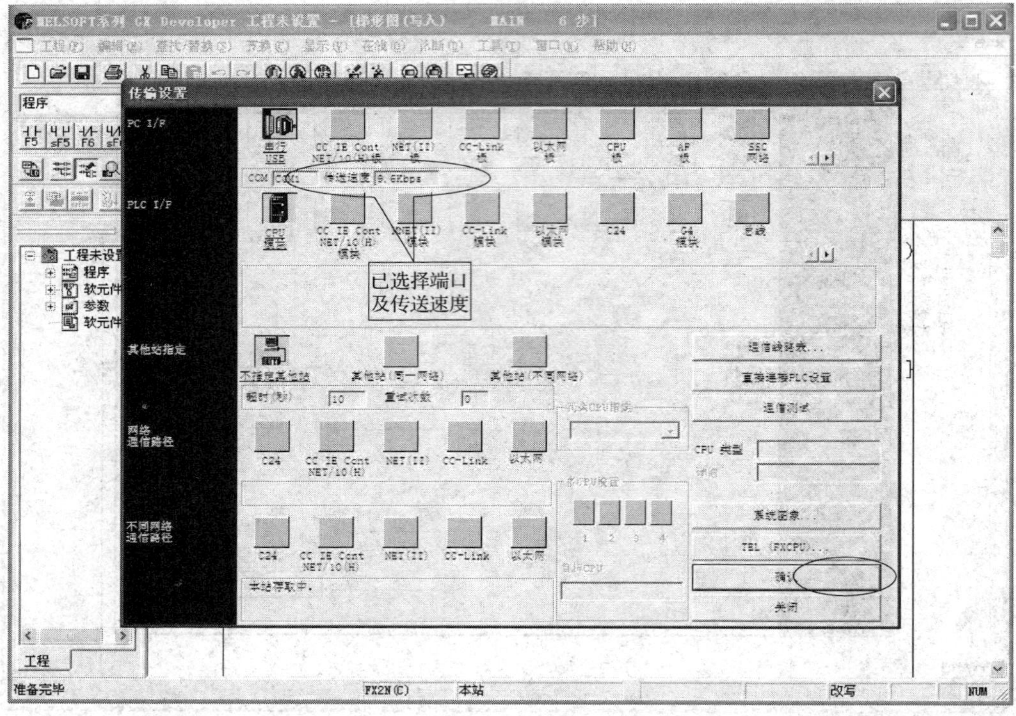

图 1—3—25　通信端口设置确认

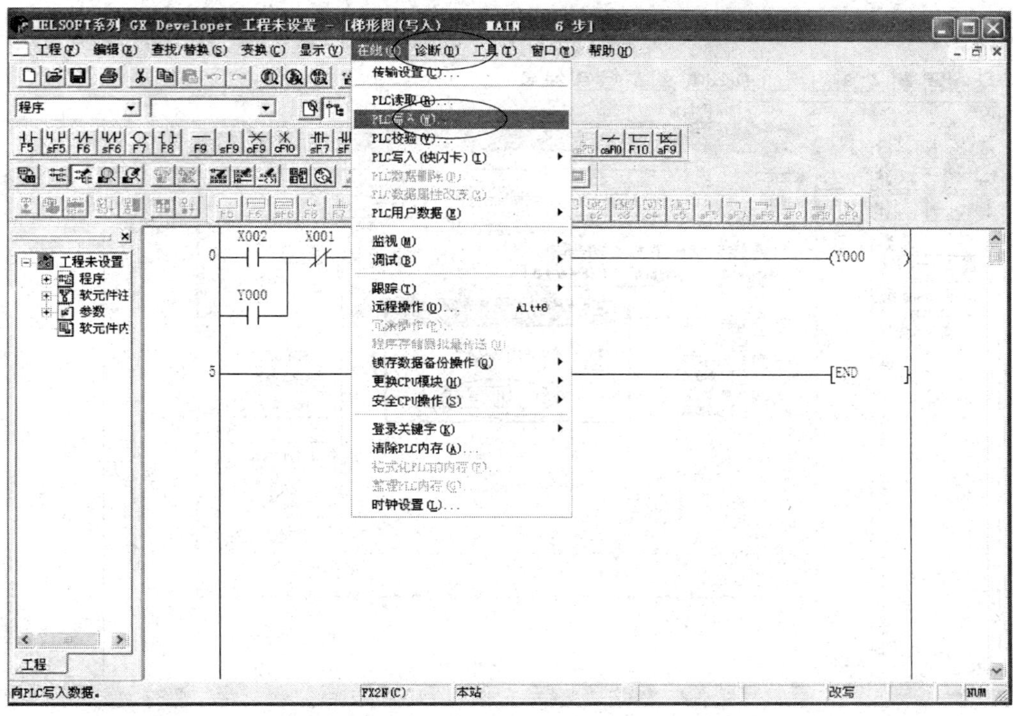

图 1—3—26　PLC 写入选择

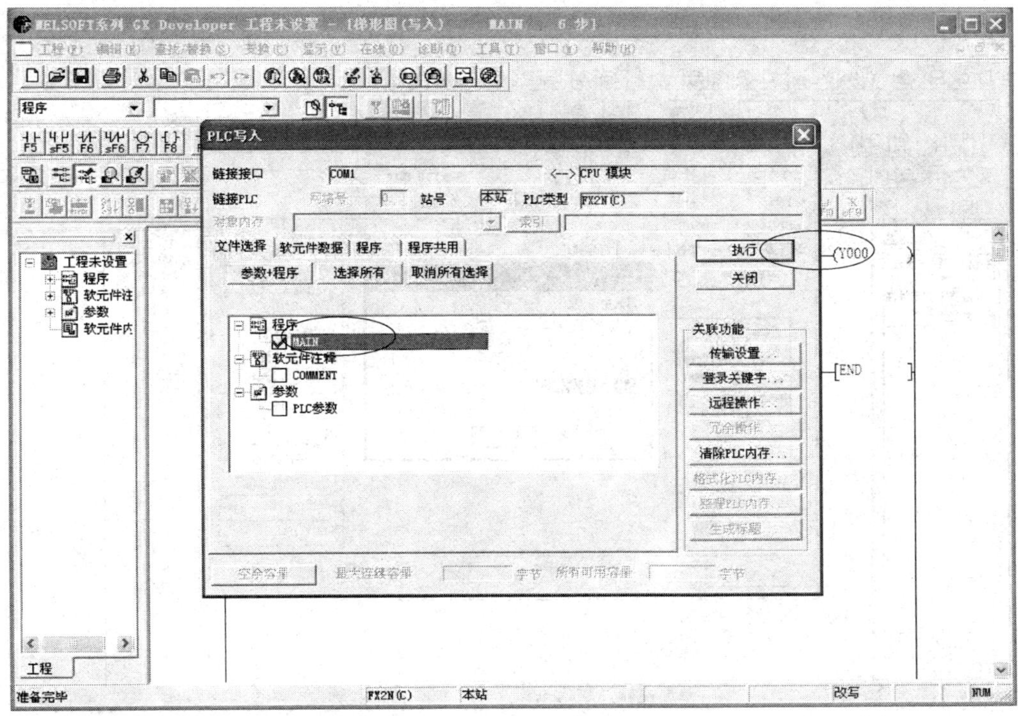

图 1—3—27　PLC 写入选择窗口

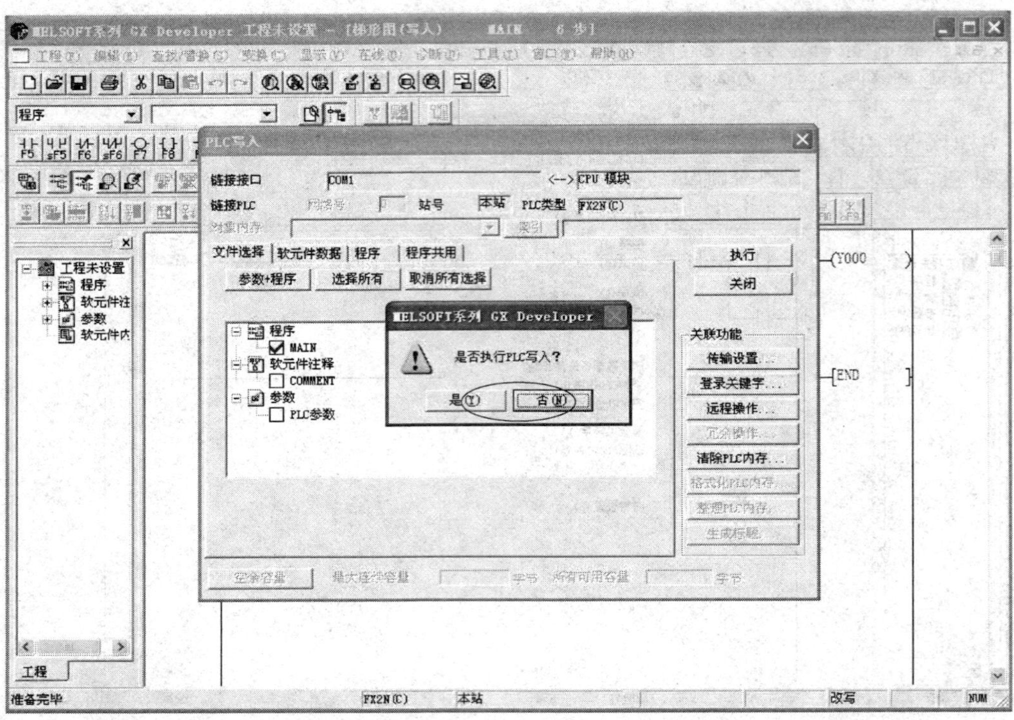

图 1—3—28　执行 PLC 写入确认

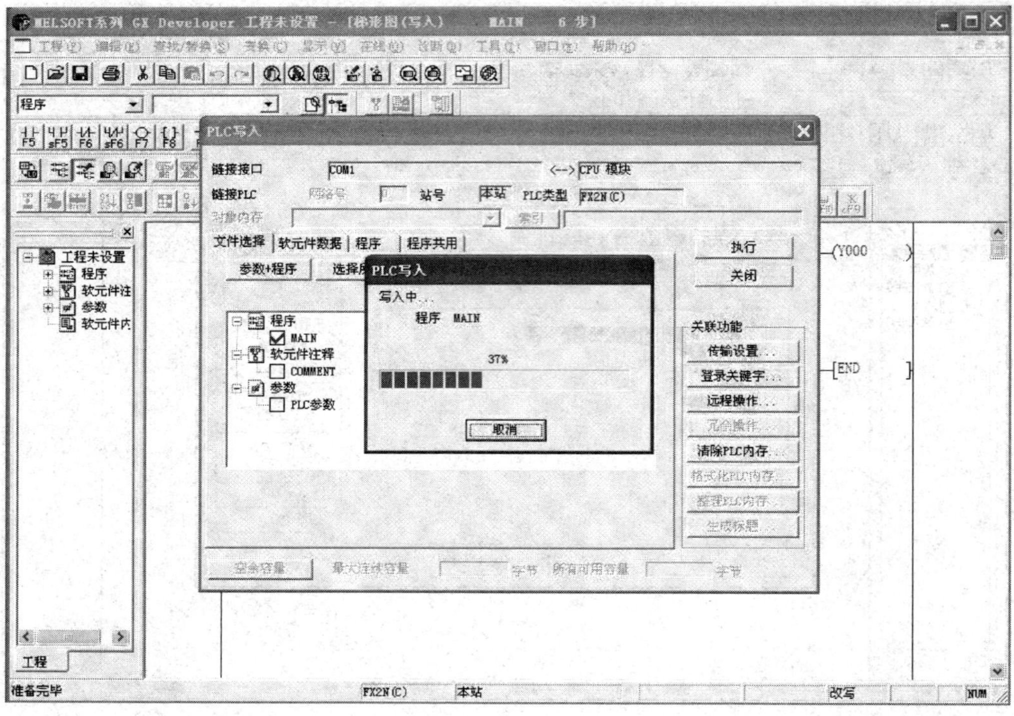

图 1—3—29　PLC 写入过程

（7）梯形图监视

程序写入完毕，单击“监视模式”进入梯形图监视状态，如图 1—3—30 所示。

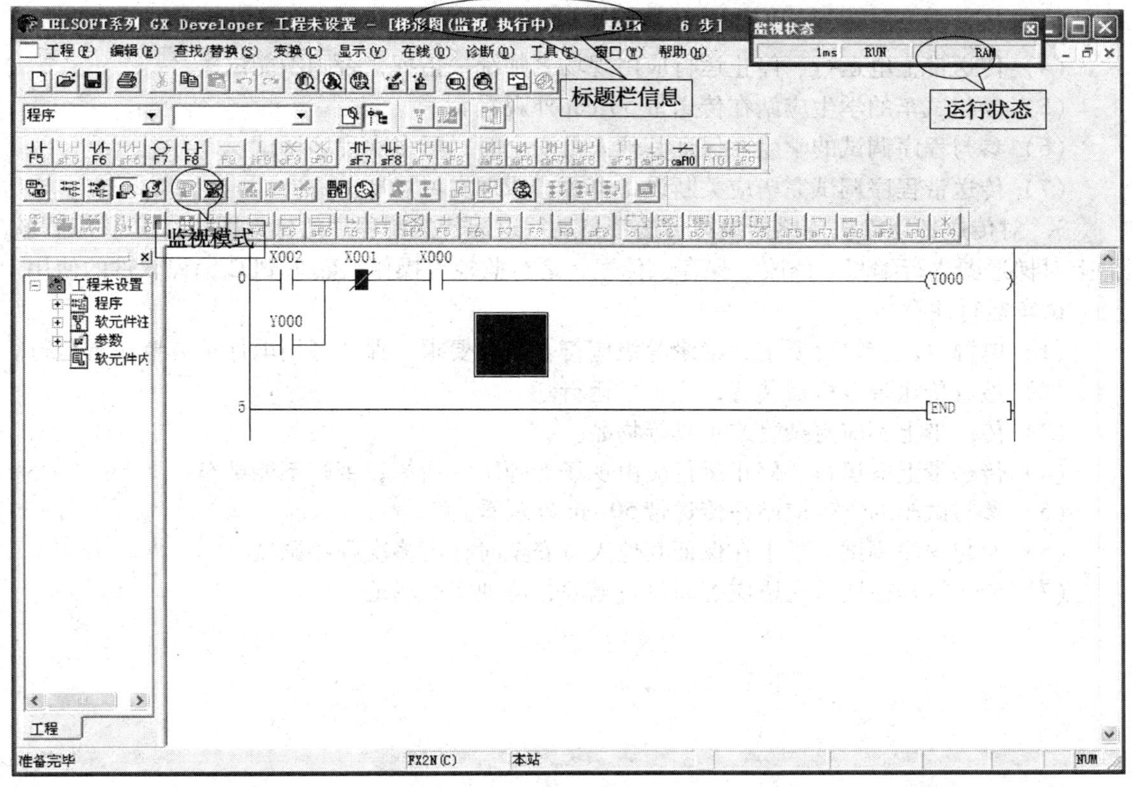

图 1—3—30　梯形图监视状态

在图 1—3—30 中，显示闭合触点的元件变为深蓝色，线圈通电变为深蓝色。

（8）根据以上已编写的 PLC 程序在传送带运输机试车运行

试车运行注意：

1）电源电压应符合要求，绝缘等级应符合通电要求，保证各用电保护装置正常运行。

2）检查传送带各机械装置，应正常运行。

3）传送带上不应有杂物或工具等物品。

4）传送带上电运行、停止运行应由现场老师统一指挥，否则不能试车。

5）参与试车的学生应站在传送带 50 cm 外观看。

6）参与程序调试的学生在保证其他人员安全时，可多次进行程序调试。

7）传送带程序调试完毕应关断设备电源，清理实习场地。

2．按传送带运输机的控制要求编写传送带正反转运行控制程序的梯形图，在 PLC 编程软件上对梯形图进行编写、修改、保存、传送、运行监控等操作，熟悉 PLC 编程软件的使用。

试车运行注意：

（1）电源电压应符合要求，绝缘等级应符合通电要求，保证备用电保护装置正常运行。

（2）检查传送带各机械装置，应正常运行。

（3）传送带上不应有杂物或工具等物品。

（4）传送带上电运行、停止运行应由现场老师统一指挥，否则不能试车。

（5）参与试车的学生应站在传送带 50 cm 外观看。

（6）参与程序调试的学生在保证其他人员安全时，可多次程序调试。

（7）传送带程序调试完毕应关断设备电源，清理实习场地。

3. 对传送带运输机传感器编写传送带自动往返运行控制程序的梯形图，在 PLC 编程软件上对梯形图进行编写、修改、保存、传送、运行监控等操作，熟悉 PLC 编程软件的使用。

试车运行注意：

（1）电源电压应符合要求，绝缘等级应符合通电要求，保证备用电保护装置正常运行。

（2）检查传送带各机械装置，应正常运行。

（3）传送带上不应有杂物或工具等物品。

（4）传送带上电运行、停止运行应由现场老师统一指挥，否则不能试车。

（5）参与试车的学生应站在传送带 50 cm 外观看。

（6）参与程序调试的学生在保证其他人员安全时，可多次程序调试。

（7）传送带程序调试完毕应关断设备电源，清理实习场地。

任务二　面粉搅拌机的安装与调试

学习目标

1. 能阅读“面粉搅拌机的安装与调试”工作任务单，明确项目任务和个人任务要求，服从工作安排。

2. 能到现场采集搅拌机的技术资料，根据搅拌机的控制要求绘制主电路及PLC接线图，编制I/O分配表。

3. 能进行搅拌机的程序设计，并根据梯形图编写语句指令表。

4. 能根据搅拌机主电路及PLC接线图进行施工并自检。

5. 能正确地将程序输入PLC，按照搅拌机的动作要求进行模拟调试，达到设计要求。

6. 施工完毕能清点工具、人员，收集剩余材料，清理工程垃圾。

7. 能正确填写任务单的验收项目，并交付验收。

建议课时

40课时

任务描述

某西点烘焙店的搅拌机因使用时间太长，电气线路严重老化，急需进行改造，店主要求在3个工作日之内完成该项工作，以便正常营业，红星自动化公司同意接收该项工作任务，在规定期限内对其进行改造，交有关人员验收。

工作流程与活动

学习活动1　PLC的软元件

学习活动2　PLC基本指令的讲解（二）

学习活动3　PLC编程技巧

学习活动1　PLC的软元件

学习目标

1. 能说出可编程序控制器的输入继电器、输出继电器、辅助继电器作用，熟悉各继电器的编号、使用注意事项。

2. 能说出可编程序控制器的输入继电器、输出继电器、辅助继电器的用途。

3. 能在教师指导下，利用输入继电器、输出继电器、辅助继电器对给定的线路功能进行程序编写。

4. 理解 PLC 的输入继电器、输出继电器的外部接线方法及注意事项。

知识准备

PLC 是以微处理器为核心，以运行程序的方式完成控制功能。其内部拥有各种软元件，如输入继电器、输出继电器、定时器、计数器、状态寄存器、数据寄存器等。用户利用这些软元件，实现各种逻辑控制功能，通过编制程序来表达各软元件间的逻辑关系。在 PLC 内部，每个软元件都分配一个地址号，也叫软元件编号。软元件的表达方式为“软元件类型的英文字母 + 编号（地址）”，如 M10、X1、Y3 等。PLC 内部基本结构功能如图 2—1—1 所示。

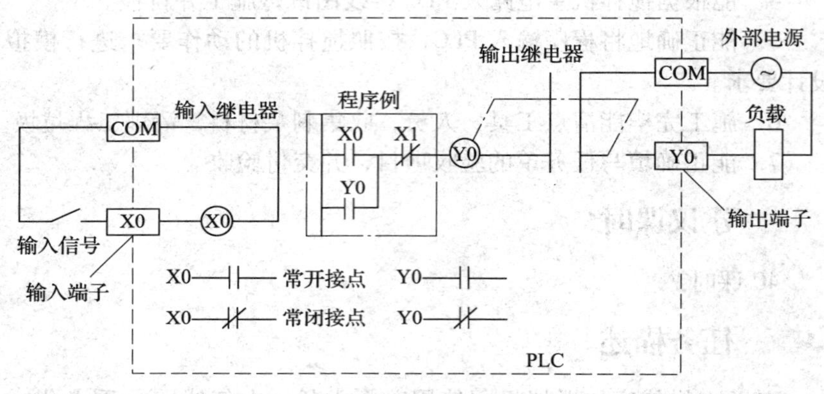

图 2—1—1　PLC 内部基本结构功能图

一、输入继电器（X）

输入继电器是专门接收来自 PLC 外部输入设备（按钮、选择开关、限位开关、传感器等）提供的信号。它实际是一个经光电隔离器的无触点开关，并不是一般的继电器。输入继电器有常开和常闭两种触点供用户编程时使用，且使用次数不限。输入电路的时间常数一般小于 10 ms。

编程时应注意，输入继电器只能为外部信号所驱动，不能在程序内部用指令来驱动。因此，在程序中输入继电器只有触点，没有线圈。

输入继电器的地址编号以八进制数表示，其基本单元为 X000 ~ X007、X010 ~ X017 等。

二、输出继电器（Y）

输出继电器是将 PLC 的运算结果（输出信号）通过输出端子送给外部负载（如接触器、电磁阀、指示灯等）。如图 2—1—1 所示，输出继电器只有一个硬元件输出触点与输出端子相连，输出继电器的线圈被驱动后，该触点动作（触点闭合），直接驱动负载。而输出继电器有无数的软元件（常开和常闭触点）供用户编程时使用，输出继电器的常开和常闭触点使用次数不限。输出继电器的线圈（如 Y000）由 PLC 内的各软元件的触点驱动。

输出继电器的地址编号以八进制数表示，其基本单元为 Y000 ~ Y007、Y010 ~ Y017 等。

在程序编写时，输出继电器的常开、常闭触点和线圈都可以使用。

三、辅助继电器（M）

PLC 内部拥有很多的辅助继电器，相当于继电接触器控制系统的中间继电器，这些继电器在 PLC 内部只起传递信号的作用，不与 PLC 外部发生联系。辅助继电器有无数的常开和常闭触点供用户编程时使用。该触点不能驱动外部负载，其线圈由 PLC 内的各种软元件的触点驱动。辅助继电器分为通用辅助继电器、断电保持辅助继电器和特殊辅助继电器三种。辅助继电器的地址编号用十进制数表示。

元件编号：通用辅助继电器有 M0 ~ M499，共 500 点。

断电保持辅助继电器有 M500 ~ M3071，共 2572 点。

特殊辅助继电器有 M8000 ~ M8255，共 256 点。

1. 通用辅助继电器

PLC 运行过程中，线圈得电，触点动作；线圈失电，触点复位。电源掉电后再上电时，通用辅助继电器的状态不能保持。

2. 断电保持辅助继电器

断电保持辅助继电器在断电时，其储存的数据和状态由锂电池保护，不会丢失，当电源恢复供电时，能使控制系统继续电源中断前的控制。

注意：使用断电保持辅助继电器时要用 RST 指令来清除它的记忆内容。

3. 特殊辅助继电器（常用）

特殊辅助继电器是指那些能完成特定功能的辅助继电器。以下仅以几个常用的特殊辅助继电器为例说明其用法。

（1）M8000

M8000 用于运行监视。PLC 运行时，M8000 为 ON 状态。

（2）M8002

M8002 用于产生初始化脉冲。当 PLC 运行时（即 PLC 接通电源状态开关 RUN/STOP，由 STOP 拨置 RUN 状态时），M8002 接通，但 M8002 的接通时间为一个扫描周期，其他时间 M8002 都是断开的。因此，M8002 的触点常用来对计数器、状态继电器等进行初始化复位。

（3）M8011、M8012、M8013、M8014

M8011、M8012、M8013 和 M8014 是内部时钟脉冲发生器。PLC 上电时，M8011 提供振荡周期为 10 ms 的脉冲；M8012 提供振荡周期为 100 ms 的脉冲；M8013 提供振荡周期为 1 s 的脉冲；M8014 提供振荡周期为 1 min 的脉冲。内部时钟脉冲波形如图 2—1—2 所示。

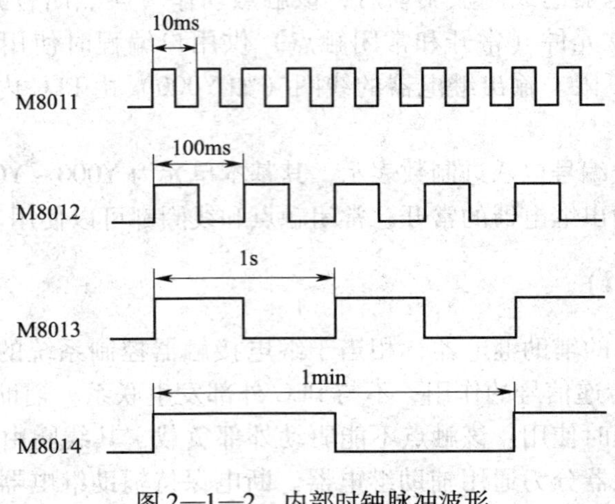

图 2—1—2　内部时钟脉冲波形

小贴士

一、通用型辅助继电器程序的编写

FX_{2N}系列 PLC 中普遍采用 M0 ~ M499 共 500 个通用辅助继电器，其地址号按十进制编号。通用辅助继电器在 PLC 运行时，如果电源突然断电，则全部线圈均 OFF。当电源再次接通时，除了因外部输入信号而变为 ON 的辅助继电器以外，其余的仍将保持 OFF 状态，它们没有断电保护功能。通用辅助继电器常在逻辑运算中作为辅助运算、状态暂存、移位等。

如图 2—1—3 所示的 M300，它只起到一个自锁的功能。

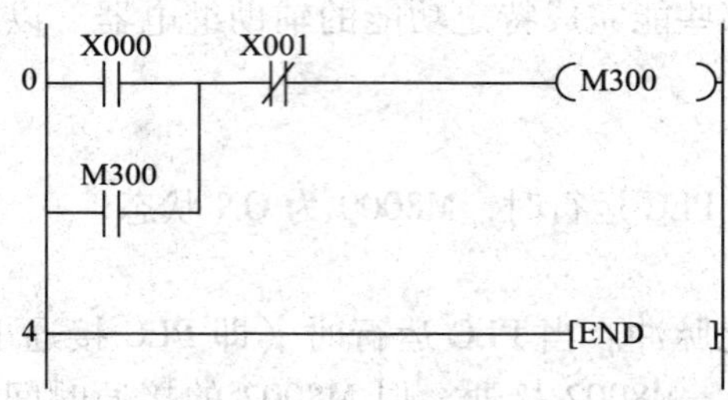

图 2—1—3　M300 的用法

二、断电保持型辅助继电器程序的编写

FX_{2N}系列 PLC 有 M500 ~ M3071 共 2572 个断电保持辅助继电器。它与普通辅助继电器不同的是具有断电保护功能，即能记忆电源中断瞬时的状态，并在重新通电后再现其状态。它之所以能在电源断电时保持其原有的状态，是因为电源中断时用

PLC中的锂电池保持它们映像寄存器中的内容。其中，M500～M1023可由软件将其设定为通用辅助继电器。

下面通过小车往复运动控制来说明断电保持辅助继电器的应用，如图2—1—4所示。

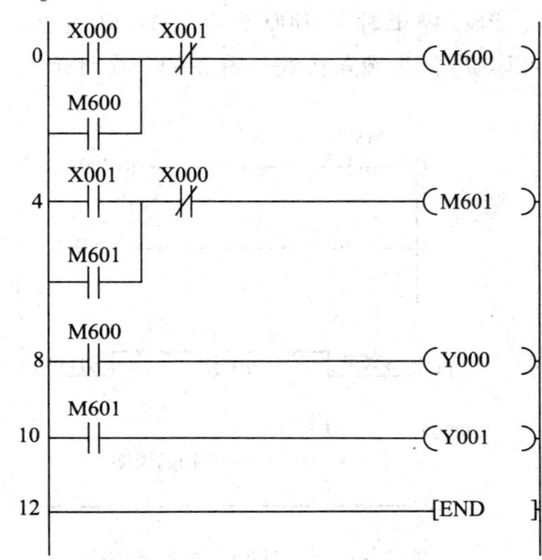

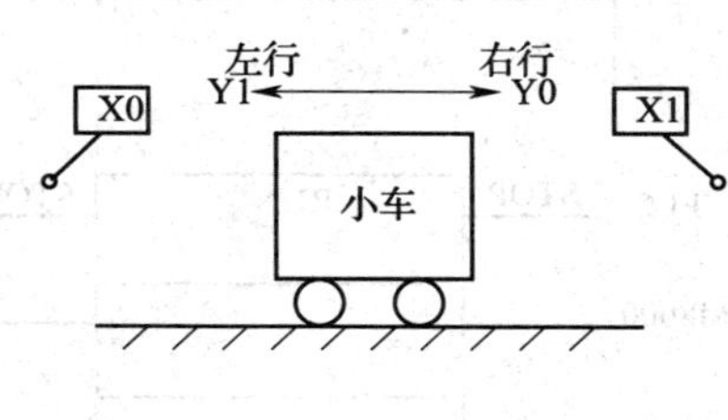

图2—1—4 使用断电保持型继电器编写物料小车的梯形图

小车的正反向运动中，用M600、M601控制输出继电器驱动小车运动。X1、X0为限位输入信号。运行的过程：X0 = ON→M600 = ON→Y0 = ON→小车右行→停电→小车中途停止→上电（M600 = ON→Y0 = ON）再右行→X1 = ON→M601 = ON→Y1 = ON（左行）。可见，由于M600和M601具有断电保持，所以在小车中途因停电停止后，一旦电源恢复，M600或M601仍记忆原来的状态，将由它们控制相应输出继电器，小车继续按原方向运动。若不用断电保护辅助继电器，当小车中途断电后，再次得电小车也不能运动。

小词典

特殊辅助继电器的功能

PLC内有大量的特殊辅助继电器，它们都有各自的特殊功能。FX_{2N}系列PLC中有256个特殊辅助继电器（M8000～M8255），可分成触点型和线圈型两大类。

一、触点型

触点型特殊辅助继电器的线圈由 PLC 自动驱动，用户仅可利用其触点功能，例如：

M8000：运行监视器（在 PLC 运行中接通），其触点功能如图 2—1—5 所示。

PLC 运行时 M8000 得电（Y000 得电），PLC 停止时 M8000 失电（Y000 失电）。

M8002：初始脉冲（仅在运行开始时瞬间接通），其触点功能如图 2—1—6 所示。

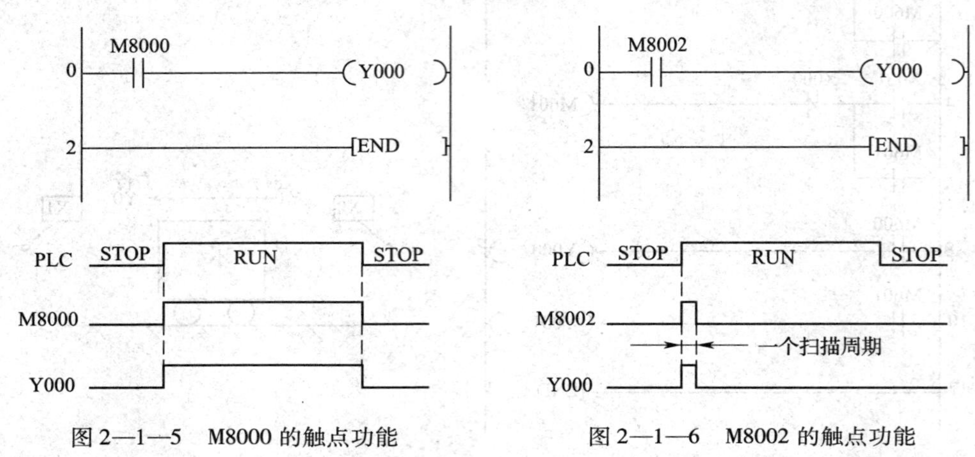

图 2—1—5　M8000 的触点功能　　图 2—1—6　M8002 的触点功能

M8002（Y000）只在 PLC 开始运行的第一个扫描周期内得电，其余时间均断电。

M8011、M8012、M8013 和 M8014 分别是产生 10 ms、100 ms、1 s 和 1 min 时钟脉冲的特殊辅助继电器。M8011、M8013 的触点功能如图 2—1—7 所示。

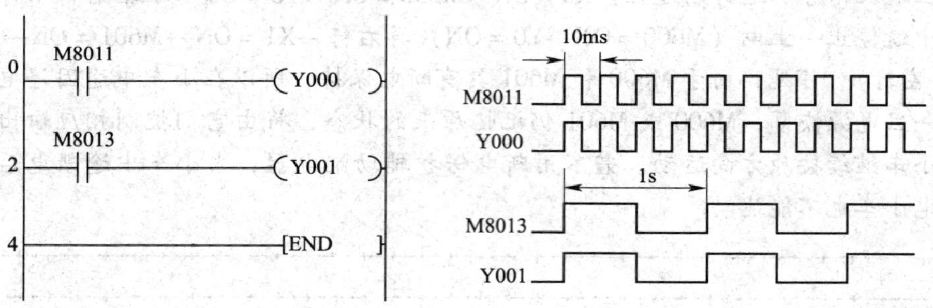

图 2—1—7　M8011、M8013 的触点功能

M8011 产生 10 ms 时钟脉冲来控制 Y000 每 10 ms 得电一次。

M8013 产生 1 s 时钟脉冲来控制 Y001 每 1 s 得电一次。

二、线圈型

线圈型特殊辅助继电器由用户程序驱动线圈后 PLC 执行特定的动作，例如：

M8028：FX_{1S}、FX_{0N} 系列 PLC 的 100 ms/10 ms 定时器的切换。

M8030：为锂电池电压指示。

M8031：非保持型继电器、寄存器状态清除。

M8032：保持型继电器、寄存器状态清除。

M8033：若使其线圈得电，则 PLC 停止时保持输出映像存储器和数据寄存器内容。

M8034：若使其线圈得电，则将 PLC 的输出全部禁止。

M8039：若使其线圈得电，则 PLC 按 D8039 中指定的扫描时间工作。

M8040：禁止状态转移。

M8041：开始状态转移。

M8046：STL 状态工作。

M8047：STL 监视有效。

例如：M8034 的动作过程，如图 2—1—8 所示。

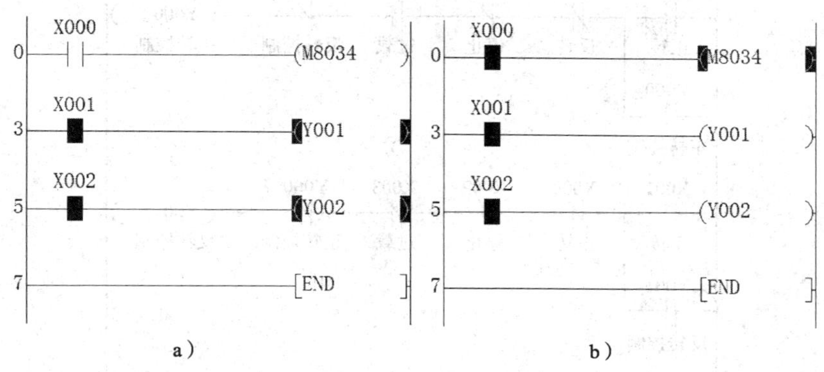

图 2—1—8　M8034 的线圈功能

a）动作前　b）动作后

注：图中黑框表示导通，下同。

当 M8034 未得电时，Y1、Y2 正常工作；当 X0 接通 M8034 得电，就算 X1、X2 接通，Y1、Y2 也不会得电输出。

任务实施

1. 利用 PLC 编程软件功能了解各继电器的动作过程

（1）输入继电器的触点动作过程

电动机复合联锁正反转控制线路 I/O 分配图如图 2—1—9 所示，梯形图如图 2—1—10 所示。

X0 触点动作过程如图 2—1—11 所示。当按下正转按钮时，X0 常开触点闭合，Y0 得电；常闭触点断开，Y1 失电。

X1 触点动作过程如图 2—1—12 所示。当按下反转按钮时，X1 常开触点闭合，Y1 得电；常闭触点断开，Y0 失电。

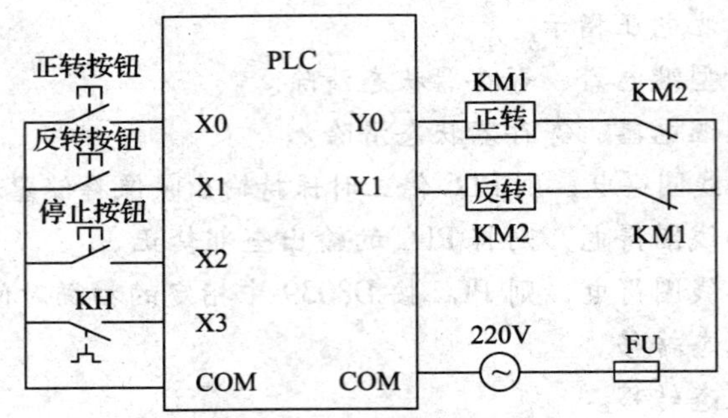

图 2—1—9　I/O 分配图

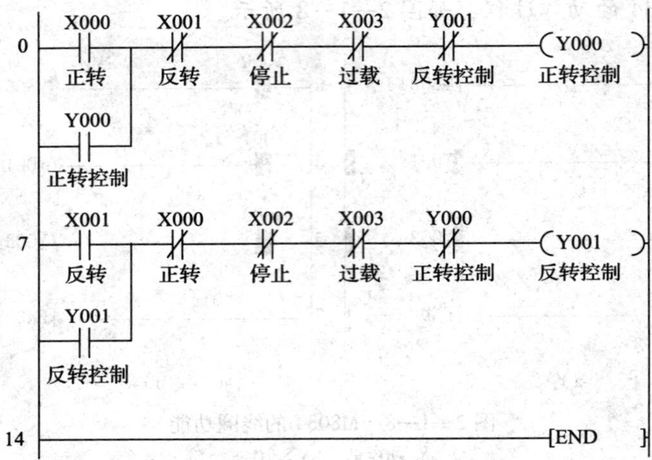

图 2—1—10　梯形图

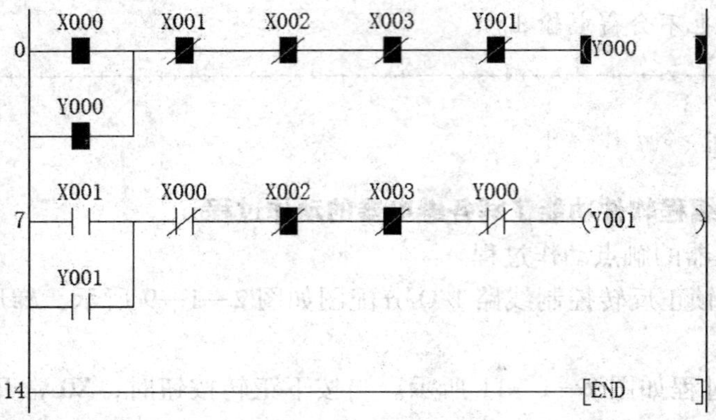

图 2—1—11　X0 触点动作过程

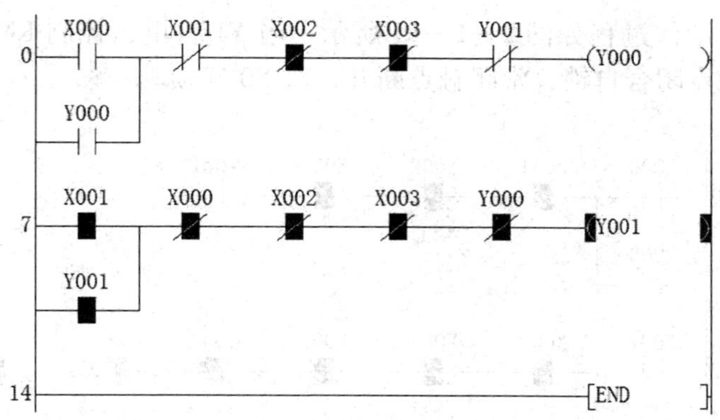

图 2—1—12　X1 触点动作过程

X2、X3 触点动作过程如图 2—1—13 所示。当按下停止按钮或过载保护时，X2 或 X3 常闭触点断开，Y0 和 Y1 失电。

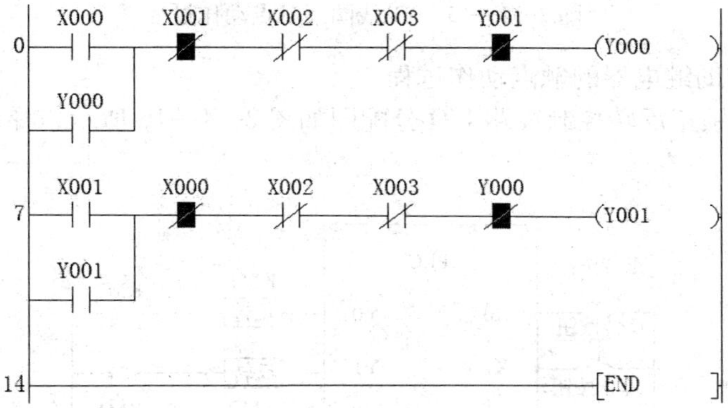

图 2—1—13　X2、X3 触点动作过程

（2）输出继电器的触点动作过程

Y0 线圈及触点动作过程如图 2—1—14 所示。当 Y0 得电，控制 KM1 线圈得电，电动机正转。Y0 常开触点闭合自锁，常闭触点断开，对 Y1 互锁。

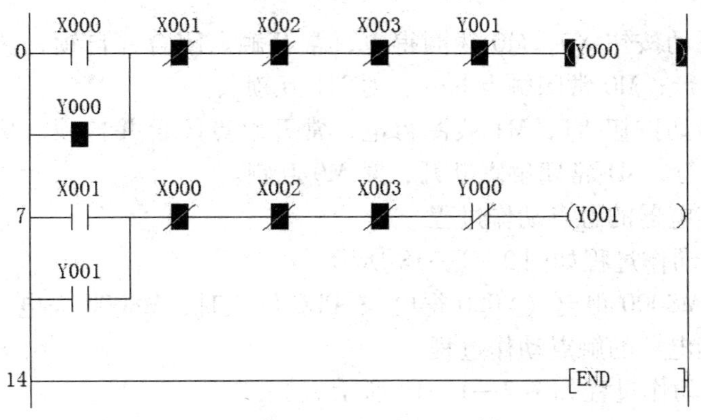

图 2—1—14　Y0 线圈及触点动作过程

Y1 线圈及触点动作过程如图 2—1—15 所示。当 Y1 得电，控制 KM2 线圈得电，电动机反转。Y1 常开触点闭合自锁，常闭触点断开，对 Y0 互锁。

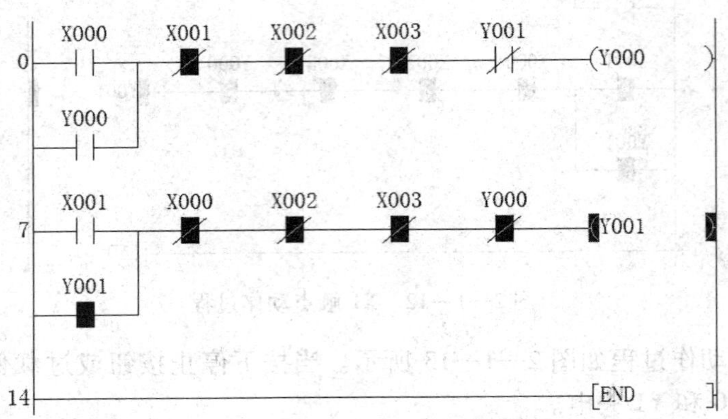

图 2—1—15　Y1 线圈及触点动作过程

（3）通用型辅助继电器的触点动作过程

电动机复合联锁正反转控制线路 I/O 分配图如图 2—1—16 所示，梯形图如图 2—1—17 所示。

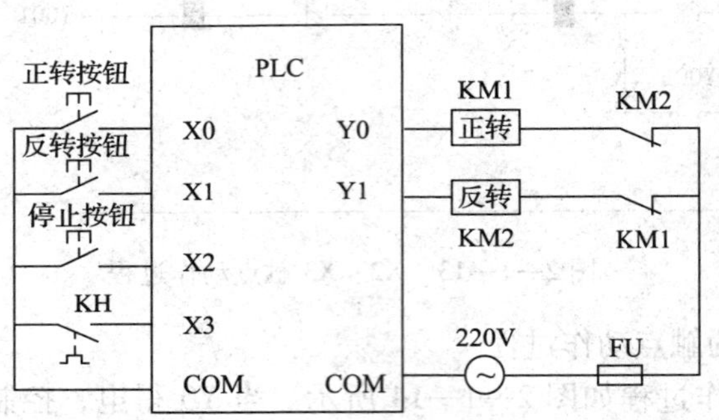

图 2—1—16　I/O 分配图

当按下正转启动按钮 X0，M0 线圈得电，常开触点闭合并自锁，从而控制 Y0 线圈得电，电动机正转运行，M0 常闭触点断开，对 M1 互锁。

当按下反转启动按钮 X1，M1 线圈得电，常开触点闭合并自锁，从而控制 Y1 线圈得电，电动机反转运行，M1 常闭触点断开，对 M0 互锁。

（4）M8000 继电器的触点动作过程

M8000 的触点动作过程如图 2—1—18 所示。

PLC 运行时，M8000 得电（Y000 得电）；PLC 停止时，M8000 失电（Y000 失电）。

（5）M8002 继电器的触点动作过程

M8002 的触点动作过程如图 2—1—19 所示。

M8002（YOOO）只在 PLC 开始运行的第一个扫描周期内得电，其余时间均断电。

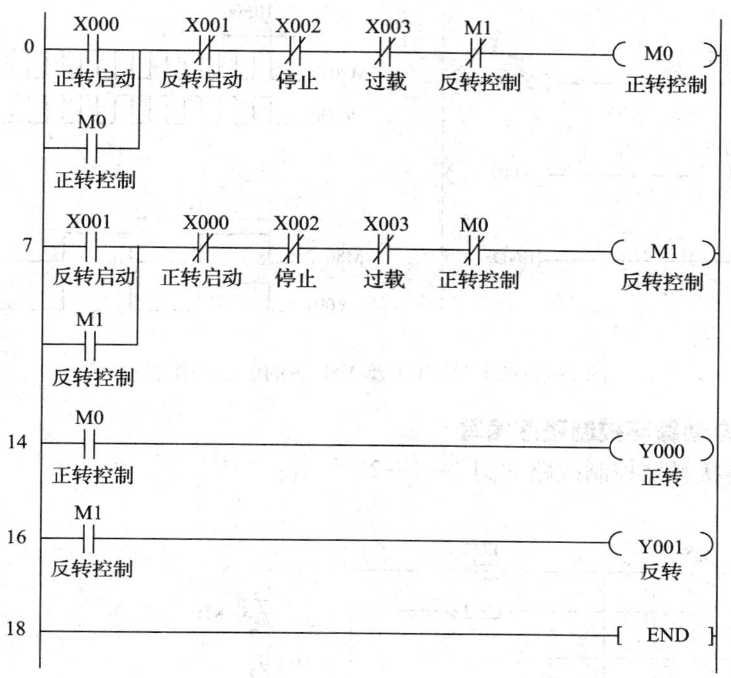

图 2—1—17 M0 及 M1 的触点及线圈动作过程

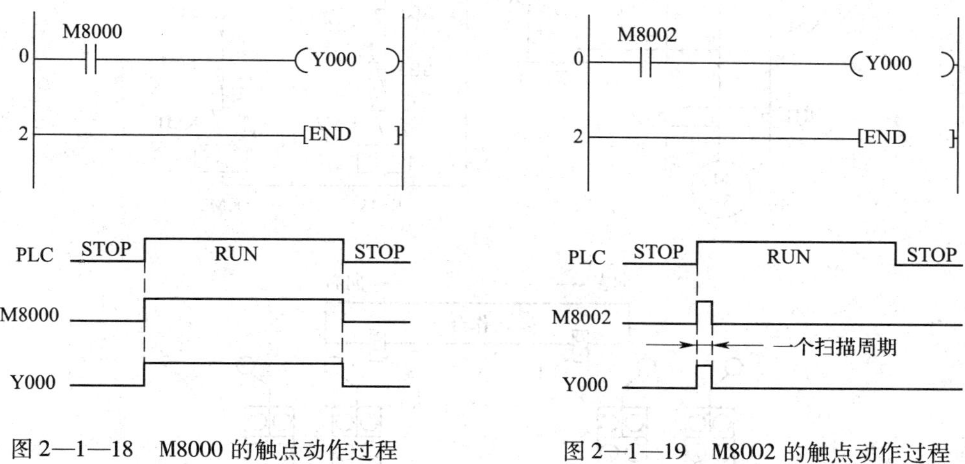

图 2—1—18 M8000 的触点动作过程

图 2—1—19 M8002 的触点动作过程

(6) M8011、M8013 继电器的触点动作过程

M8011 及 M8013 的触点动作过程如图 2—1—20 所示。

M8011 产生 10 ms 时钟脉冲来控制 Y000 每 10 ms 得电一次。

M8013 产生 1 s 时钟脉冲来控制 Y001 每 1 s 得电一次。

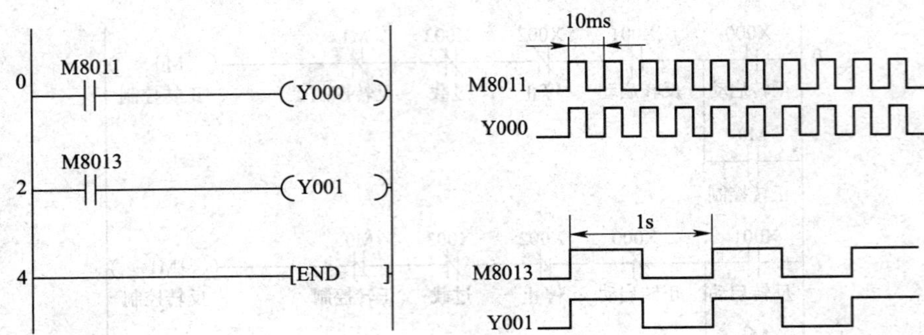

图 2—1—20 M8011 及 M8013 的触点动作过程

2. 工作台自动循环控制程序编写

工作台继电接触器控制线路如图 2—1—21 所示。

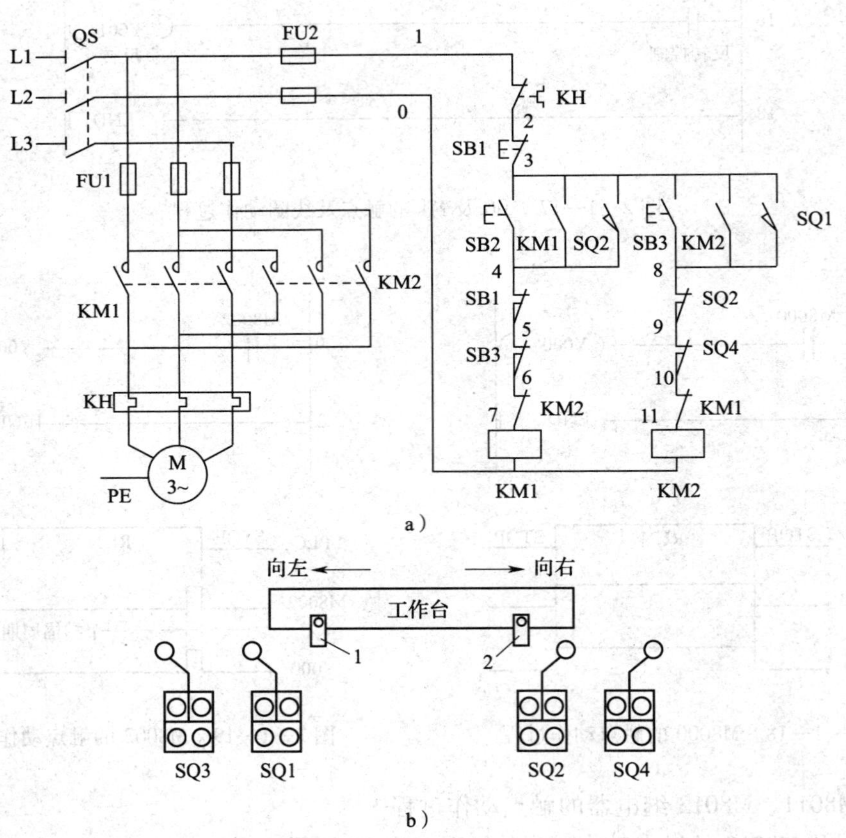

图 2—1—21 工作台继电接触器控制线路

a）继电接触器控制线路 b）工作台

（1）根据工作台往复运动控制功能画出 PLC I/O 接线图（见图 2—1—22）

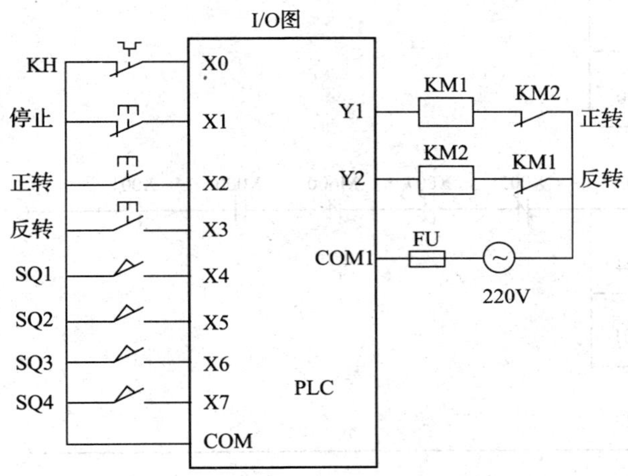

图 2—1—22　I/O 分配图

（2）通用型辅助继电器编写工作台往复运动控制线路的 PLC 程序（见图 2—1—23）

（3）断电保持型辅助继电器编写工作台往复运动控制线路的 PLC 程序（见图 2—1—24）

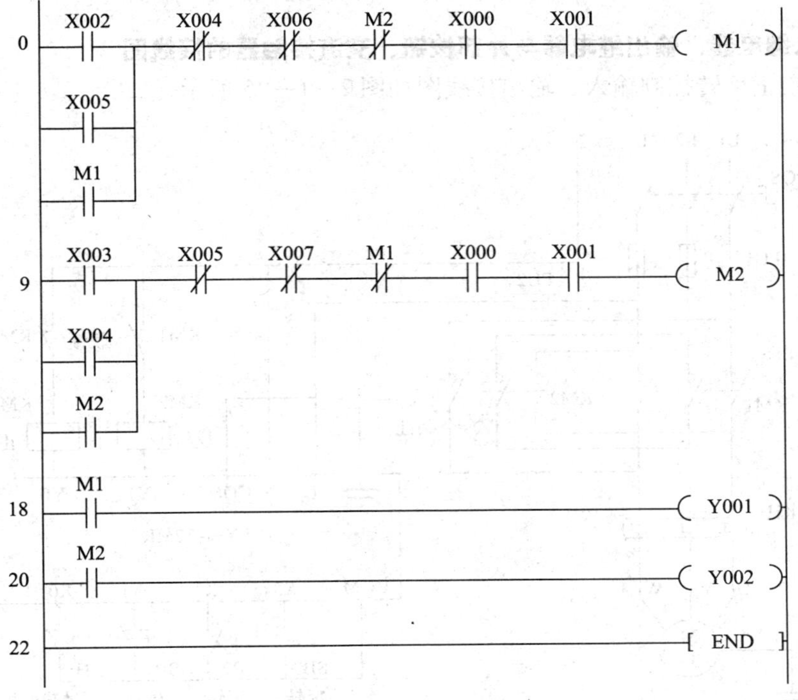

图 2—1—23　使用通用型辅助继电器编写工作台梯形图

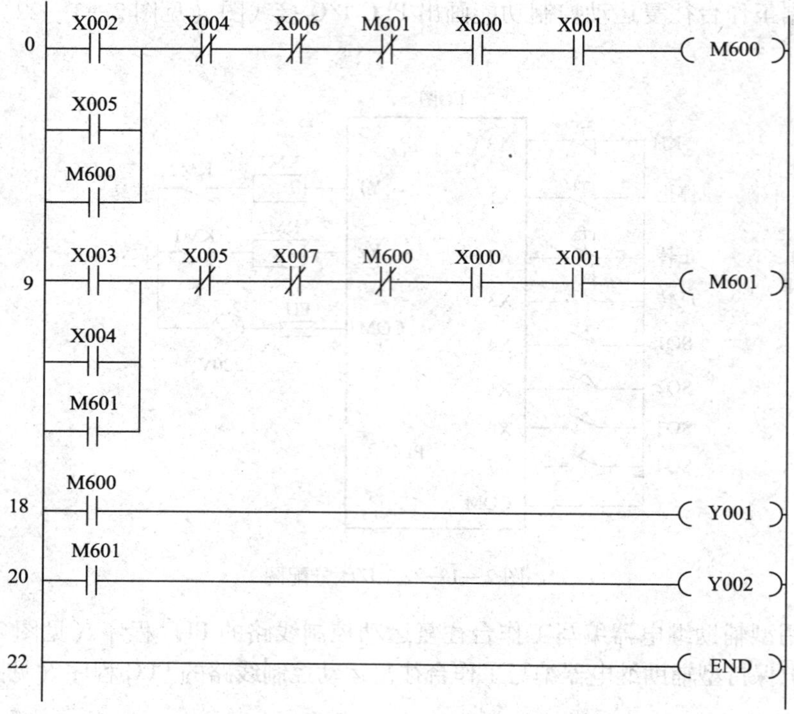

图 2—1—24 使用断电保持型辅助继电器编写梯形图

3. 输入继电器、输出继电器与外部按钮、交流接触器的接线图

双重联锁正反转控制输入、输出接线图如图 2—1—25 所示。

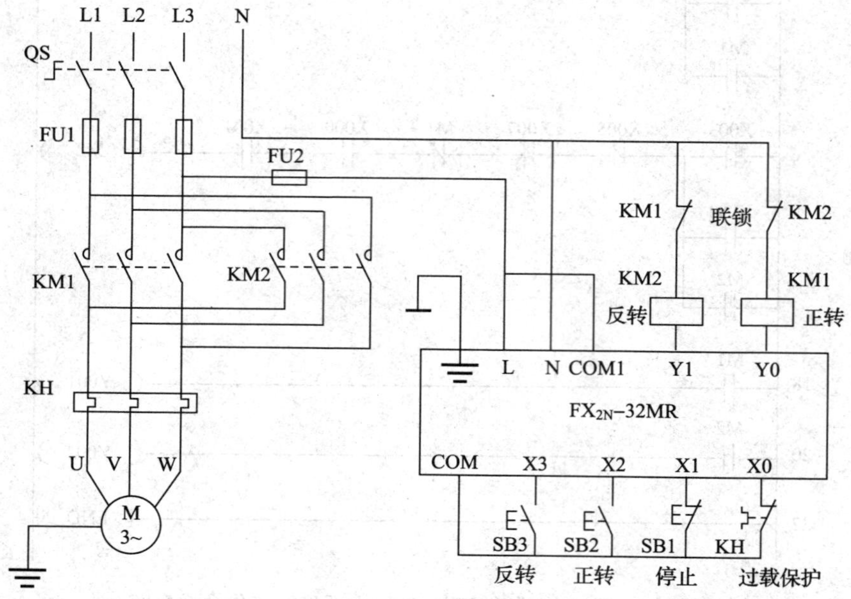

图 2—1—25 双重联锁正反转控制输入、输出接线图

学习活动2 PLC基本指令的讲解（二）

学习目标

1. 能简述电路块指令、堆栈指令的功能、梯形图表示形式。
2. 能简述电路块指令、堆栈指令在使用时的注意事项。
3. 能根据梯形图正确写出电路块指令、堆栈指令语句表。
4. 能根据指令语句表正确画出电路块指令、堆栈指令梯形图。

知识准备

一、电路块指令（ORB、ANB）

ORB、ANB指令的功能、梯形图表示、操作元件见表2—2—1。

表2—2—1　　ORB、ANB指令

符号（名称）	功能	梯形图表示	操作元件
ORB（块或）	电路块并联连接		无
ANB（块与）	电路块串联连接		无

含有两个以上触点串联连接的电路称为“串联电路块”，串联电路块并联连接时，支路的起点以LD或LDI指令开始，而支路的终点要用ORB指令。ORB指令是一种独立指令，其后不带操作元件号，因此，ORB指令不表示触点，可以看成电路块之间的一段连接线。如需要将多个电路块并联连接，应在每个并联电路块之后使用一个ORB指令，用这种方法编程时并联连接的电路块的个数没有限制；也可将所有要并联的电路块依次写出，然后在这些电路块的末尾集中写出ORB的指令，但这时ORB指令最多使用7次。

将分支电路（并联电路块）与前面的电路串联连接时使用ANB指令，各并联电路块的起点使用LD或LDI指令；与ORB指令一样，ANB指令也不带操作元件号，如需要将多个电路块串联连接，应在每个串联电路块之后使用一个ANB指令，用这种方法编程时串联连接的电路块的个数没有限制，若集中使用ANB指令，最多使用7次。电路块并联和串联指令的应用示例如图2—2—1所示。

二、堆栈指令（MPS、MRD、MPP）

在FX系列PLC中，有11个存储运算中间结果的存储单元，称为栈存储器。这个栈存储器将触点之间的逻辑运算结果存储后，可以用指令将这个结果读出，再参与其他触点之间的逻辑运算。

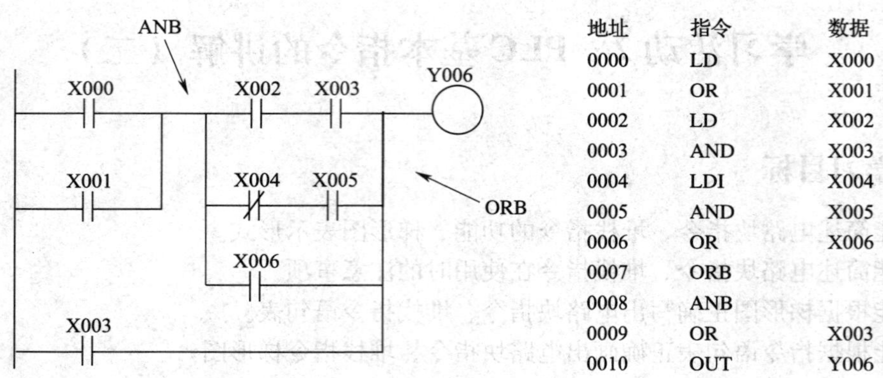

地址	指令	数据
0000	LD	X000
0001	OR	X001
0002	LD	X002
0003	AND	X003
0004	LDI	X004
0005	AND	X005
0006	OR	X006
0007	ORB	
0008	ANB	
0009	OR	X003
0010	OUT	Y006

图 2—2—1　电路块并联和串联指令的应用示例

1. MPS 指令称为进栈指令，“MPS” 为进栈指令的助记符。MPS 指令没有操作元件。堆栈指令执行如图 2—2—2 所示。

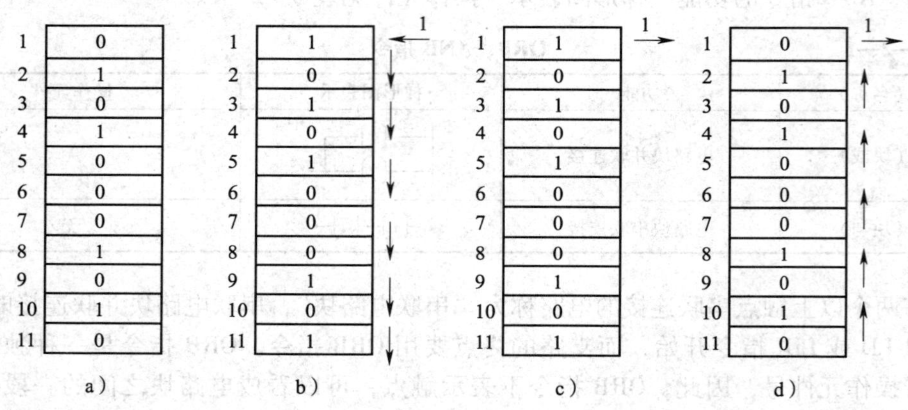

图 2—2—2　堆栈指令执行

a）执行 MPS 指令前　b）执行 MPS 指令后　c）执行 MRD 指令后　d）执行 MPP 指令后

MPS 指令的功能：将触点的逻辑运算结果推入栈存储器 1 号单元中，存储器每个单元中原来的数据依次向下推移。

执行一次 MPS 指令，完成两个动作，如图 2—2—2b 所示。第一个动作是栈存储器中每个单元中数据依次向下一个单元推移，栈存储器中 11 号单元的结果移出存储器，10 号单元中结果移至 11 号单元……1 号单元中结果移向 2 号单元，这时，空出 1 号单元，这个动作称为数据下压。第二个动作是将新的逻辑运算结果存入 1 号单元中。

2. MRD 指令称为读栈指令，“MRD” 为读栈指令的助记符。MRD 指令也没有操作元件。

MRD 指令的功能：将栈存储器中 1 号单元的内容读出。

执行 MRD 指令时，栈存储器中每个单元中内容不发生变化，既不会使数据下压，也不会使数据上托，如图 2—2—2c 所示。

3．MPP 指令称为出栈指令，“MPP” 为出栈指令的助记符。MPP 指令也没有操作元件。

MPP 指令的功能：将栈存储器中 1 号单元中结果取出，存储器中其他单元的数据依次向上推移。

在多重输出的最后一个分支，采用 MPP 指令时，完成两个动作，如图 2—2—2d 所示。第一个动作是将栈存储器中 1 号单元中结果取出。第二个动作是将 2 号单元中结果移到 1 号单元中……11 号单元中结果移到 10 号单元中，这个动作称为数据上托。

MPS、MRD 和 MPP 指令的应用实例如图 2—2—3 所示。

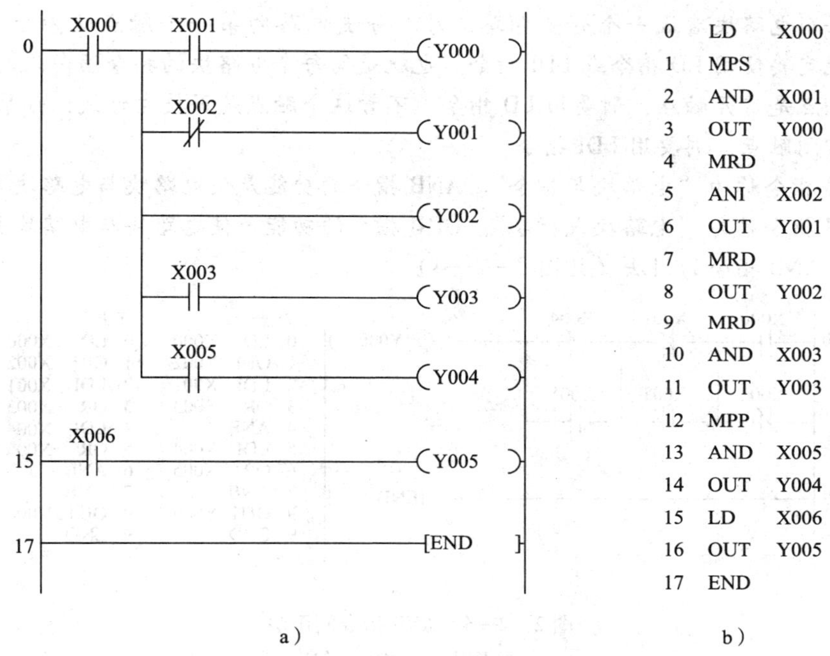

图 2—2—3　MPS、MRD 和 MPP 指令的应用实例

a）梯形图　b）指令语句表

在这一段程序中，使用 MPS 指令后，将常开触点 X0 的逻辑值（X0 闭合为“1”，X0 断开为“0”）存入栈存储器 1 号单元，同时，这个结果与常开触点 X1 的逻辑值进行“与”逻辑运算，运算结果为“1”时，线圈 Y0 被驱动。

第一次执行 MRD 指令时，栈存储器中 1 号单元结果被读出，与多路输出中第二个逻辑行中触点 X2 的逻辑值进行“与”逻辑运算，其运算结果如果为“1”，线圈 Y1 被驱动。第二次执行 MRD 指令时，栈存储器中 1 号单元中结果如果为“1”，将直接驱动线圈 Y2。第三次执行 MRD 指令时，栈存储器中 1 号单元中结果与多路输出第四个逻辑行中电路块进行“与”逻辑运算，如果运算结果为“1”，将驱动线圈 Y3。

在执行 MPP 指令后，将栈存储器中 1 号单元内容取出，与多路输出最后一个逻辑行中触点 X5 的逻辑值进行逻辑运算，如果运算结果为“1”，将驱动线圈 Y4。执行这一条指令后，栈存储器中数据发生上托。

小贴士

ANB 指令和 ORB 指令的使用

在梯形图中，可能会出现电路块与电路块串联，或者电路块与电路块并联的情况，这时，就要使用 ANB 指令或 ORB 指令。

将每个电路块看成一个分支电路，每个分支电路的第一个触点就为分支起点，这时，规定要使用 LD 指令或 LDI 指令。也就是写每个电路块的指令语句表时，如果第一个触点是常开触点，则要用 LD 指令，不管这个触点是否接左母线，如果第一个触点是常闭触点，则要用 LDI 指令。

ANB 指令称为“电路块与指令”。ANB 指令的功能是使电路块与电路块串联。

ORB 指令称为“电路块或指令”。ORB 指令的功能是使电路块与电路块并联。

一、ANB 指令的用法（见图 2—2—4）

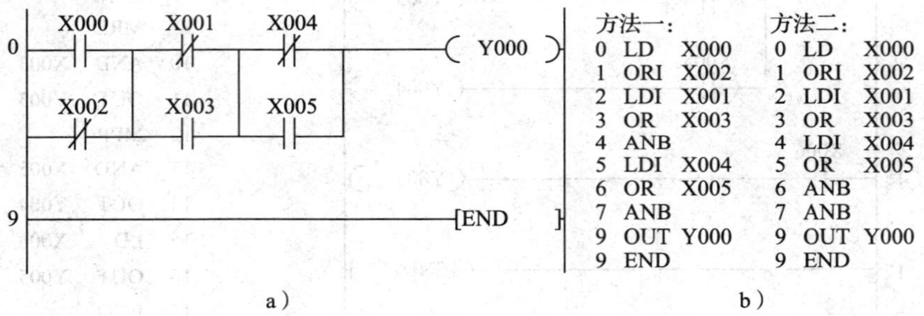

图 2—2—4　ANB 指令的用法

a）梯形图　b）指令语句表

二、ORB 指令的用法（见图 2—2—5）

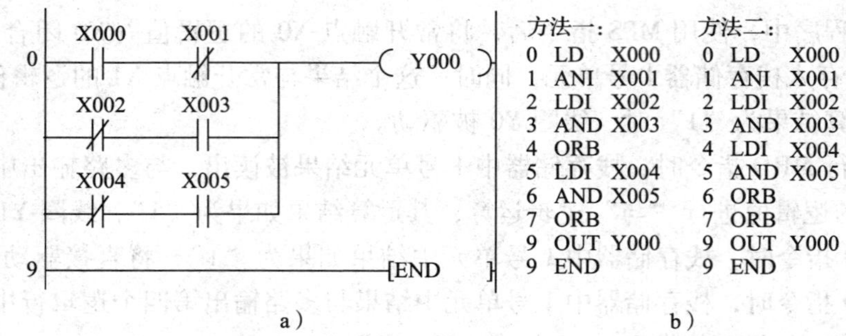

图 2—2—5　ORB 指令的用法

a）梯形图　b）指令语句表

三、ANB 指令和 ORB 指令的使用说明

1. 使用 ANB 指令和 ORB 指令编程时，最好采用图 2—2—4 方法一和图 2—2—5 方法一所示的编程方法，这时，ANB 指令和 ORB 指令使用次数将不受限制，且指令语句表的可读性相对来说比较好，两个电路块之间的联系比较直观。

2. 使用 ANB 和 ORB 指令编程时，也可以采用 ANB 指令和 ORB 指令连续使用的方法。这时，先按顺序将所有电路块的指令写出，再连续写出 ANB 指令或 ORB 指令，如果电路块数为 n 个，则应连续写 $n-1$ 个 ANB 指令或 ORB 指令。

3. 应注意 ANB 指令与 AND 指令之间的区别，能不用 ANB 指令时，尽量不用，可以节省指令。如图 2—2—6 所示的梯形图中，X0 常开触点与右边的电路块串联。

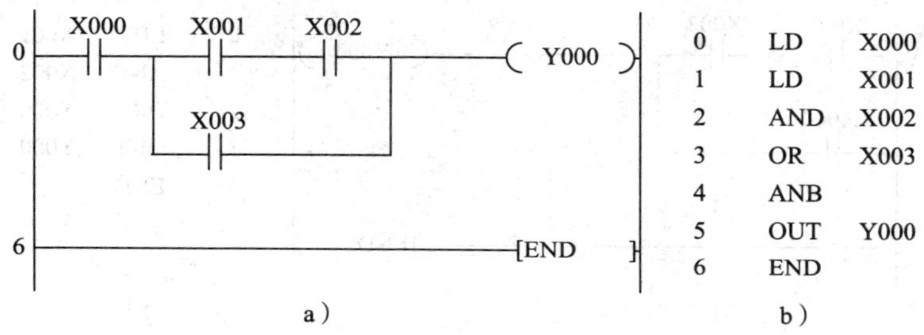

0	LD	X000
1	LD	X001
2	AND	X002
3	OR	X003
4	ANB	
5	OUT	Y000
6	END	

图 2—2—6　ANB 与 AND 指令优化前

a）梯形图　b）指令语句表

这时，最好把电路块放在左边，单个触点放在电路块右边，梯形图如图 2—2—7 所示。经过等效变换后的梯形图可少用一条 ANB 指令。

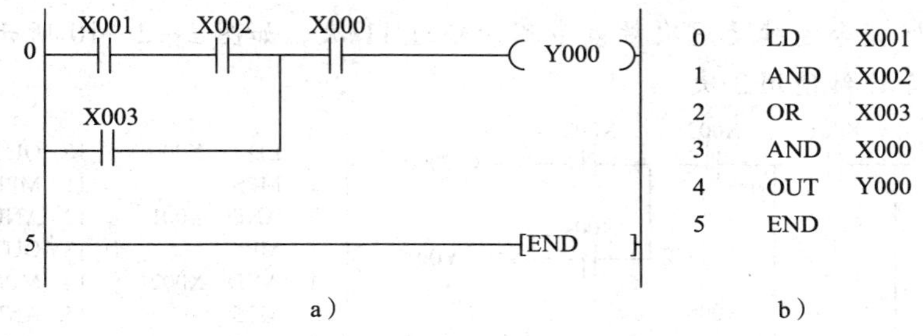

0	LD	X001
1	AND	X002
2	OR	X003
3	AND	X000
4	OUT	Y000
5	END	

图 2—2—7　ANB 与 AND 指令优化后

a）梯形图　b）指令语句表

4. 同样要注意 ORB 指令与 OR 指令之间的区别，有时也可以省略 ORB 指令。如图 2—2—8 所示的梯形图中，串联触点较多的电路在单个触点下面，这时编程要用 ORB 指令。

如果将串联触点较多的电路块放在上方，如图 2—2—9 所示，这时，X0 常开触点就是与上面电路块并联，用 OR 指令即可。

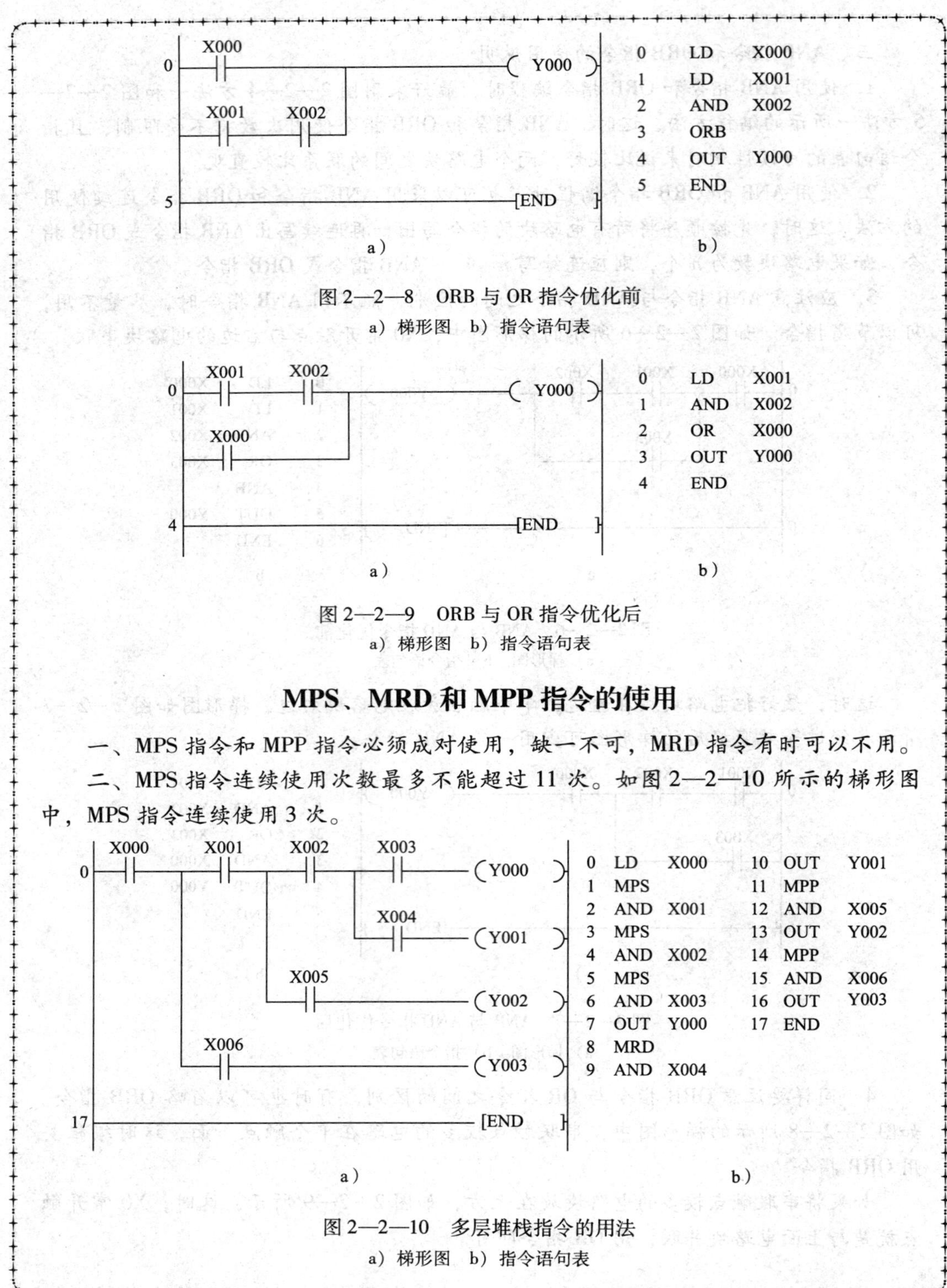

图 2—2—8　ORB 与 OR 指令优化前

a）梯形图　b）指令语句表

图 2—2—9　ORB 与 OR 指令优化后

a）梯形图　b）指令语句表

MPS、MRD 和 MPP 指令的使用

一、MPS 指令和 MPP 指令必须成对使用，缺一不可，MRD 指令有时可以不用。

二、MPS 指令连续使用次数最多不能超过 11 次。如图 2—2—10 所示的梯形图中，MPS 指令连续使用 3 次。

图 2—2—10　多层堆栈指令的用法

a）梯形图　b）指令语句表

三、指令 MPS、MRD 或 MPP 之后若有单个常闭触点或常开触点串联，则应该用 ANI 指令或 AND 指令，如图 2—2—11 所示的指令语句表中的第 2 句、第 5 句、第 10 句和第 13 句。

四、指令 MPS、MRD 或 MPP 之后若无触点串联，而是直接驱动线圈，则应该用 OUT 指令，如图 2—2—11 所示指令语句表中的第 8 句。

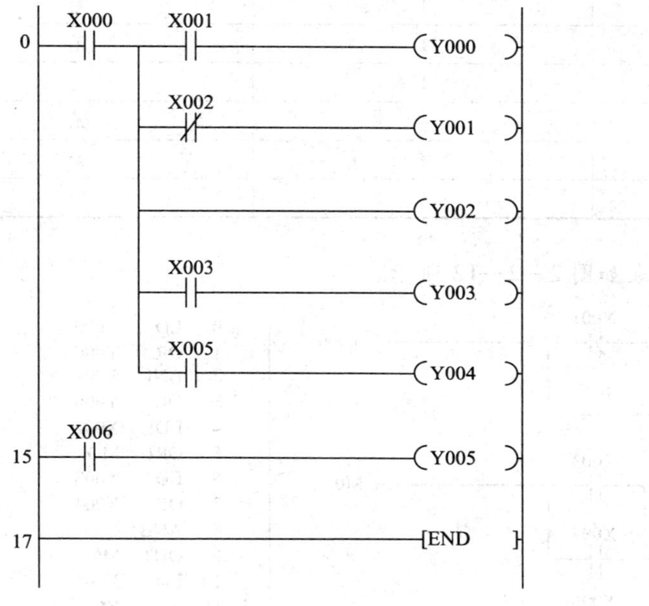


```
0   LD    X000
1   MPS
2   AND   X001
3   OUT   Y000
4   MRD
5   ANI   X002
6   OUT   Y001
7   MRD
8   OUT   Y002
9   MRD
10  AND   X003
11  OUT   Y003
12  MRD
13  AND   X005
14  OUT   Y004
15  LD    X006
16  OUT   Y005
17  END
```

图 2—2—11　堆栈指令应用

小词典

基本指令所占的步数

基本指令助记符一览表

指令助记符	指令占用程序步	操作元件
LD	1	X、Y、M、S、T、C
LDI	1	X、Y、M、S、T、C
OUT	1	Y、M、S、
	3	T、C
AND	1	X、Y、M、S、T、C

续表

指令助记符	指令占用程序步	操作元件
ANI	1	X、Y、M、S、T、C
OR	1	X、Y、M、S、T、C
ORI	1	X、Y、M、S、T、C
ORB	1	无
ANB	1	无
MPS	1	无
MRD	1	无
MPP	1	无
EDN	1	无

梯形图与对应指令表如图 2—2—12 所示。

```
0   LD   X000
1   OR   Y000
2   ANI  X001
3   OUT  Y000
4   LDI  X002
5   ORI  MO
6   LD   X003
7   OR   X004
8   ANB
9   OUT  MO
10  LD   X005
11  ANI  X006
12  LD   X007
13  AND  X010
14  ORB
15  OUT  M1
16  LD   M1
17  MPS
18  ANI  X011
19  OUT  Y002
20  MRD
21  AND  X012
22  OUT  Y003
23  MRD
24  AND  X013
25  OUT  Y004
26  END
```

图 2—2—12　梯形图与指令表

任务实施

1. 能根据梯形图正确写出指令语句表，如图 2—2—13 所示。

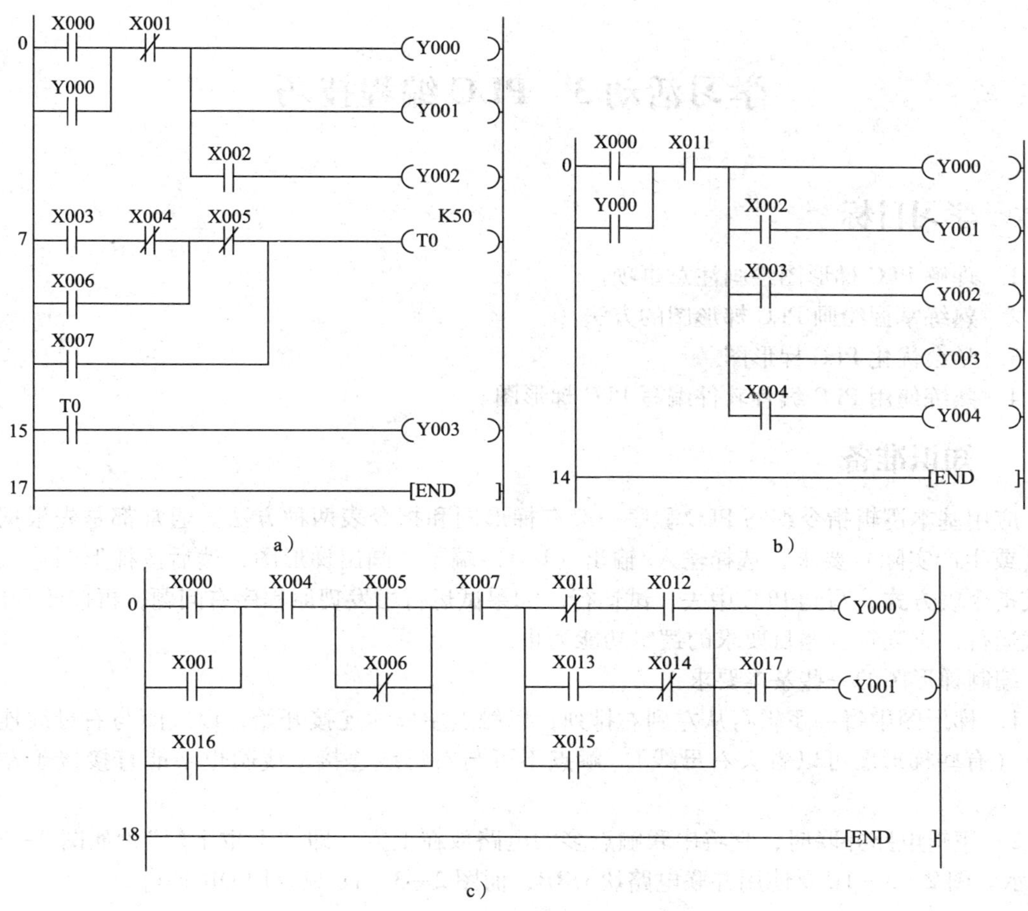

图 2—2—13　梯形图转换指令表

2．能根据指令语句表正确画出梯形图，如图 2—2—14 所示。

0	LD	X000
1	OR	Y000
2	LDI	X001
3	OR	Y001
4	ANB	
5	OUT	X000
6	LD	X002
7	OR	Y001
8	ANI	X003
9	AND	Y000
10	OUT	Y001
11	END	

a）

0	LD	X000
1	OR	Y000
2	ANI	X001
3	MPS	
4	LD	X002
5	OR	X003
6	ANB	
7	OUT	Y000
8	MRD	
9	ANI	X004
10	OUT	Y002
11	MPP	
12	AND	X005
13	OUT	Y003
14	END	

b）

图 2—2—14　指令表转换梯形图

学习活动3　PLC编程技巧

学习目标

1. 理解 PLC 梯形图绘画注意事项。
2. 熟练掌握绘画 PLC 梯形图的方法。
3. 学会优化 PLC 梯形图。
4. 熟练使用 PLC 编程软件编写 PLC 梯形图。

知识准备

应用基本逻辑指令编写 PLC 程序一般有梯形图和指令表两种方法。通常都是先根据题目（或生产实际）要求，选择输入/输出（I/O）端子，画出梯形图，然后按梯形图输入方法或指令表方式，写到 PLC 中去，试运行。如果试运行中发现原程序有问题，再修改程序，再试运行，直到符合题目要求的逻辑功能为止。

编制梯形图的一些基本要求：

1. 梯形图中每一逻辑行从左到右排列，以触点左母线连接开始，以线圈与右母线连接结束（有些梯形图可以省去右母线）。触点不可与右母线连接，线圈也不能直接接于左母线。

2. 逻辑电路并联时，宜将串联触点多的电路放在上方，即“上重下轻”，如图 2—3—1 所示。图 2—3—1a 要使用并联电路块 ORB，而图 2—3—1b 只要用 OR 即可。

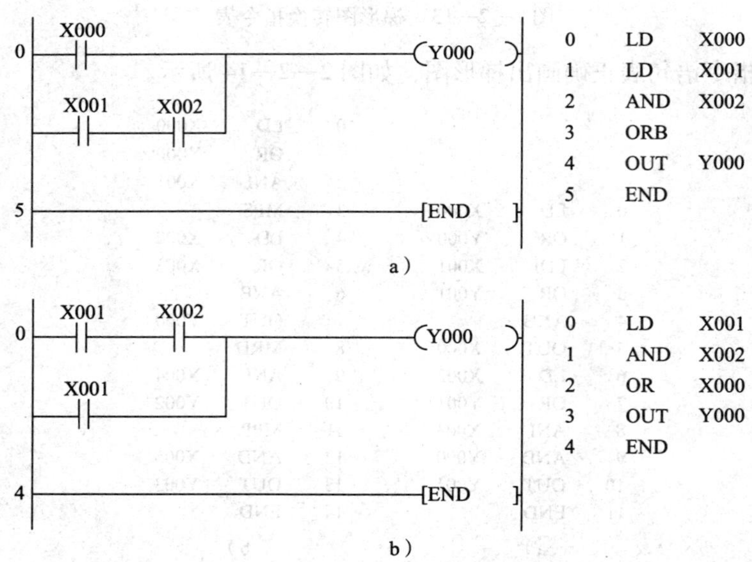

图 2—3—1　元件布置“上重下轻”

3. 逻辑电路串联时，宜将并联电路放在左方，即“左重右轻”，如图 2—3—2 所示。图 2—3—2a 并联电路块放在中间，要用 ANB 指令，而改为图 2—3—2b，则能节省语句。

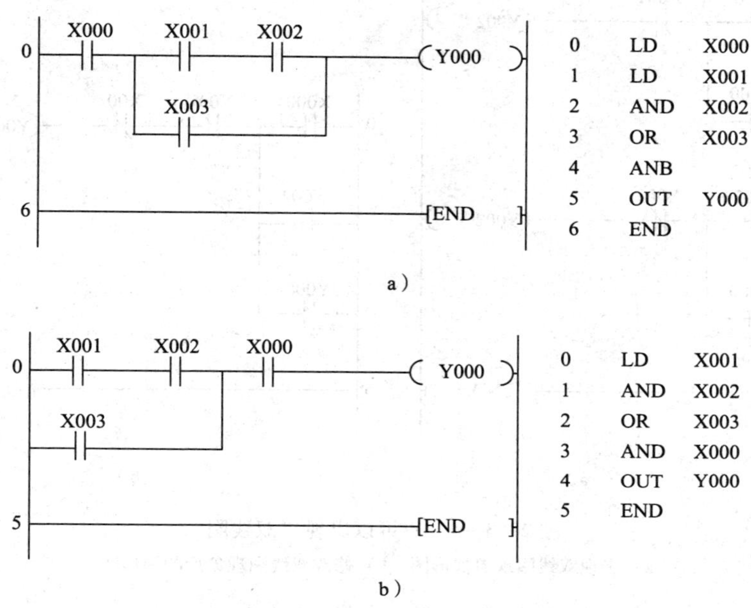

图 2—3—2　元件布置“左重右轻”

4. 线圈输出时，能用纵接输出的，就不要用多重输出，如图 2—3—3 所示。图 2—3—3a 为多重输出，在触点 X1 的前方，并联输出 Y1 线圈，要用到 MPS、MRD、MPP 指令，如果在不引起逻辑混乱的前提下改成图 2—3—3b，则成为纵接输出，就不必使用多重输出指令。

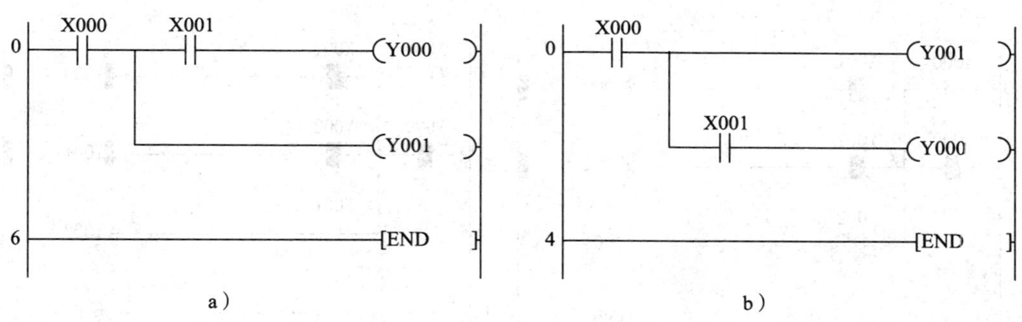

图 2—3—3　多用“纵接”，少用“多重”

5. 用基本指令编程，不可以出现“双线圈”现象。所谓双线圈是指在程序的多处使用同一编号的线圈的现象。程序执行双线圈时，以后面线圈的动作优先，如图 2—3—4 所示。图 2—3—4a 中若 X0 接通，X2 断开，则输出 Y2 为 OFF。解决双线圈现象的方法可以用图

2—3—4b 的方法处理。图 2—3—4b 中是将 X0 和 X2 的控制触点以“或”的方法处理、X1 和 X3 的控制触点以“与”的方法处理。

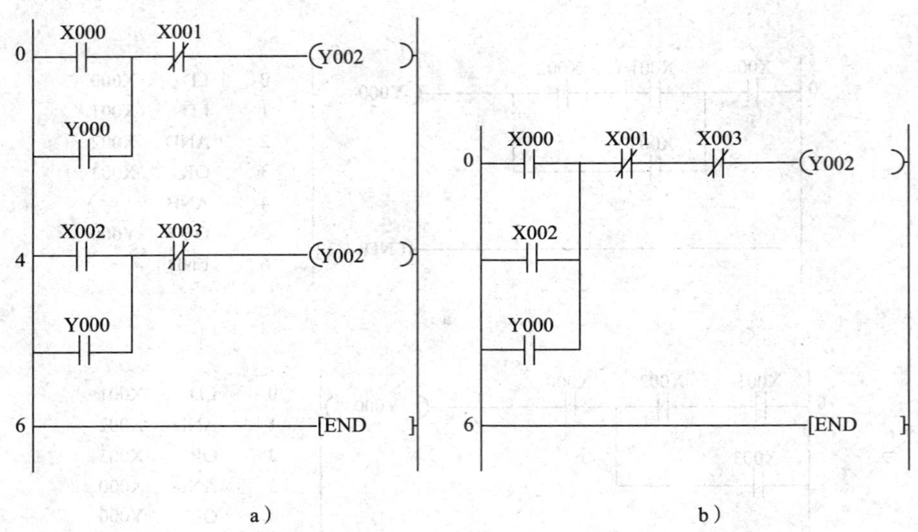

图 2—3—4　不可以出现“双线圈”

a）出现双线圈现象梯形图　b）修改双线圈现象后的梯形图

6. PLC 的运行是串行的，从梯形图第一行开始，按从左而右、从上而下的顺序执行。这一点与继电接触器电路不同。继电接触器电路的运行是并行的，当电源接通，各并联支路都有相同电压，同时动作。因此，在 PLC 的编程中，应注意程序的编写顺序不同，其执行的结果会有很大的差别。串行运行差异如图 2—3—5 所示，程序从第一行开始，从左到右，从上到下执行。图 2—3—5a 中，X0 为 ON，Y0、Y2 为 ON，Y1 为 OFF；图 2—3—5b 中，X0 为 ON，Y0、Y1 为 ON，Y2 为 OFF。

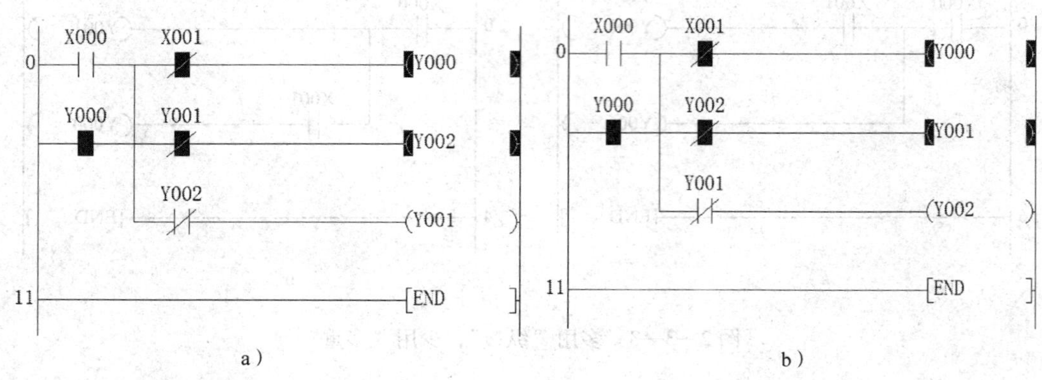

图 2—3—5　串行运行差异

小词典

GX 绘制梯形图的快捷键

快捷键	功能	快捷键	功能
F2	写入模式	Ctrl + F9	横线删除
F3	监视模式	Ctrl + F10	竖线删除
F4	变换	Shift + F7	上升沿脉冲
F5	常开触点	Shift + F8	下降沿脉冲
Shift + F5	并联常开触点	Alt + F7	并联上升沿脉冲
F6	常闭触点	Alt + F8	并联下降沿脉冲
Shift + F6	并联常闭触点	Ctrl + Alt + F10	运算结果取反
F7	线圈	F10	画线输入
F8	应用指令	Alt + F9	画线删除
F9	画横线	Shift + F2	读出模式
Shift + F9	画竖线	Shift + F3	监视（写入模式）

任务三　锅炉风机系统的安装与调试

学习目标

1. 能独立进行工艺流程分析，明确控制对象的操作要求及功能。
2. 能选定合理的自动化解决方案，完成控制系统结构设计。
3. 能根据工艺要求，绘制电气回路图及 PLC 接线图，编制 I/O 分配表。
4. 能根据工艺流程及控制功能进行程序设计，并根据梯形图编写语句指令表。
5. 能进行设备接线并完成 PLC 程序的调试工作，且调试过程中能独立完成软件与硬件的修改。

建议课时

40 课时

任务描述

离心风机是依靠输入的机械能提高气体压力并排送气体的机械，是一种从动的流体机械。离心风机广泛用于工厂、矿井、隧道、冷却塔、车辆、船舶和建筑物的通风、排尘和冷却，锅炉和工业炉窑的通风和引风，空气调节设备和家用电气设备中的冷却和通风，谷物的烘干和选送，风洞风源和气垫船的充气及推进等。

某机械厂锅炉离心风机因年久失修，电气部分严重老化，现要求对其电气部分进行改造，用户委托某电气安装公司在五个工作日完成安装、改造、调试，安装公司同意接受该项工作任务，开出任务单并委派维修电工人员前往该企业作业，并按客户要求完成任务，把客户验收单交付公司。锅炉离心风机工作示意图如图 3—0—1 所示。

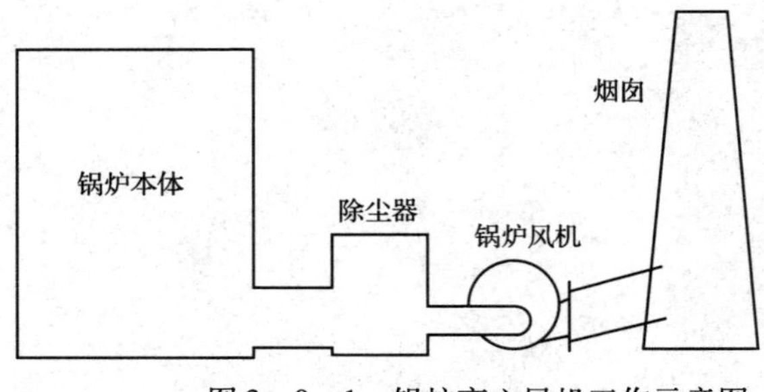

图 3—0—1　锅炉离心风机工作示意图

锅炉离心风机作为机械设备有其特殊的结构和制造工艺，本次改造的离心风机属于某机械厂锅炉风机，故该风机体积一般较大，需要大容量电动机进行拖动。要求设计人员进行实地勘察，合理制定设计方案。

工作流程与活动

学习活动1　控制系统的设计
学习活动2　电气回路与PLC接线图
学习活动3　软件编程与运行调试

学习活动1　控制系统的设计

学习目标

1. 能分析控制对象，了解客户需求，明确任务功能，并结合任务分配小组人员工作内容。
2. 能明确系统内的信号类型，统计控制点数，制作工艺点位统计表。
3. 能合理估计设备升级空间，预留必要的备用点位、扩展模块及通信接口。
4. 能综合考虑各因素，完成PLC控制器、外围电气设备、传感器仪表等设备的选型。

知识准备

一、认识控制系统内的控制对象

一般认为控制对象即为系统中的主体工作设备，如发电机、锅炉、机床等，而它们对应的电压、温度、转速等则是表征这些设备工况的关键参数，把这些量叫控制量。控制系统的实质即通过操纵控制量，使控制对象在满足要求的范围内运行。

因此，要设计一个可靠的控制系统，前提是正确分析控制对象并认清控制量，只有切实地掌握控制量，才能准确地完成自动化控制要求，使整个系统在设计范围内稳定运行。

二、控制点位的计算和类型

控制系统包含了必要的输入与输出环节。在电气自动化系统中作为与外界进行相互作用的通道，一般接口分为数字量输入、模拟量输入、数字量输出、模拟量输出、开关量输入、开关量输出。控制系统的点位计算主要是统计接口数量，确定接口类型。同时，根据每个点的工艺编号制作相应的点位统计表，便于下一步输入、输出分配表的制作。

三、设备选型的一般原则

要进行合理的 PLC 设备选型，必须对 PLC 设备的基本原理和性能有一定认识。PLC 设备的主要性能体现在 CPU 的运算处理速度、存储器容量、输入/输出点位数量、输入/输出类型、软件控制功能、硬件诊断功能、电源系统、冗余性能等。

根据实际项目要求并结合 PLC 设备的性能指标，以够用为前提，以安全为保障，以预留功能作备用，本着高效、安全、经济等原则，就能进行合理的设备选型。

小贴士

随着工业自动化控制的不断深入，PLC 性能上也得到了全面的应用和发展。

一、向高速度、大容量方向发展

为了提高 PLC 的处理能力，要求 PLC 具有更好的响应速度和更大的存储容量。目前，有的 PLC 的扫描速度可达 0.1 ms/k 步左右。PLC 的扫描速度已成为很重要的一个性能指标。在存储容量方面也向着大容量发展，有的 PLC 最高可达几十兆字节。

二、向超大型、超小型两个方向发展

当前中小型 PLC 比较多，为了适应市场的多种需要，今后 PLC 要向多品种方向发展，特别是向超大型和超小型两个方向发展。现已有 I/O 点数达 14 336 点的超大型 PLC，其使用 32 位微处理器，多 CPU 并行工作和大容量存储器，处理速度快、功能强。

小型 PLC 由整体结构向小型模块化结构发展，使配置更加灵活，为了市场需要已开发了各种简易、经济的微型 PLC，最小配置的 I/O 点数为 8 ~ 16 点，以适应单机及小型自动控制的需要。

三、PLC 大力开发智能模块，加强联网通信能力

为满足各种自动化控制系统的要求，近年来不断开发出许多功能模块，如高速计数模块、温度控制模块、远程 I/O 模块、通信和人机接口模块等。这些带 CPU 和存储器的智能 I/O 模块，既扩展了 PLC 功能，且使用灵活方便，扩大了 PLC 应用范围。

加强 PLC 联网通信的能力是 PLC 技术进步的潮流。PLC 的联网通信有两类：一类是 PLC 之间联网通信，各 PLC 生产厂家都有自己的专有联网手段；另一类是 PLC 与计算机之间的联网通信，一般 PLC 都有专用通信模块与计算机通信。为了加强联网通信能力，PLC 生产厂家之间也在协商制定通用的通信标准，以构成更大的网络系统，PLC 已成为集散控制系统（DCS）不可缺少的重要组成部分。

四、增强外部故障的检测与处理能力

统计资料表明：在 PLC 控制系统的故障中，CPU 占 5%，I/O 接口占 15%，输

入设备占45%，输出设备占30%，线路占5%。前两项共20%故障属于PLC的内部故障，它可通过PLC本身的软、硬件实现检测、处理；而其余80%的故障属于PLC的外部故障。因此，PLC生产厂家都致力于研制、发展用于检测外部故障的专用智能模块，进一步提高系统的可靠性。

五、编程语言多样化

在PLC系统结构不断发展的同时，PLC的编程语言也越来越丰富，功能也不断提高。除了大多数PLC使用的梯形图语言外，为了适应各种控制要求，出现了面向顺序控制的步进编程语言、面向过程控制的流程图语言、与计算机兼容的高级语言（BASIC、C语言等）等。多种编程语言的并存、互补与发展是PLC进步的一种趋势。

小词典

一、锅炉风机的种类

风机的种类很多，一般有离心式、轴流式，还有罗茨风机。一般锅炉引、送风机都是离心式风机。

二、离心式风机简介

1. 离心式风机的用途

离心式风机作为一般工厂及大建筑物的室内通风换气的工具，既可用作输入气体，也可用作输出气体。气体可以是空气和其他不自燃、对人体无害的、对钢铁材料无腐蚀性的气体。

2. 离心式风机的类型

从电动机一侧正视，叶轮顺时针旋转者称右旋风机，以“右”表示；叶轮逆时针旋转者称左旋风机，以“左”表示。

风机的传动方式有A、B、C、D四种：4－72型风机中，No2. 8～6采用A式传动，No8～12采用C、D式传动，No16～20采用B式传动。

3. 离心式风机主要结构

叶轮：产生压头，传递能量。

机壳：收集从叶轮出来的气体引向排出口，把气流的部分动能转变为压力。

进风口：制成整体，装于风机一侧，与轴向平行的截面为曲线开关，作用是使气流顺畅进入叶轮，且损失较小。

入口调节风门：调节机出力，将设备与系统隔离（也叫导流器，有的采用变频技术，液力偶和器调节出力）。

传动：电动机直联型、皮带传动型和联轴器传动型。

大轴：传递扭矩。

轴承：承受转子的径向轴向载荷，限制转子的径向轴向的运动位置。

靠背轮：连接电动机，传递轴功率。

集流器：在损失最小的情况下，使气流均匀地充满叶轮进口断面。

轴承箱：装置轴承，填补润滑液。

4. 离心式风机的工作原理

当离心式风机的叶轮被电动机带动旋转时，充满于叶片之间的气体随同叶轮一起转动，在离心力的作用下，气体从叶片间槽道甩出，并将气体由叶轮出口处输送出去。当气体的外流造成叶轮空间真空，外界的气体就会自动进入叶轮补充。由于风机的不停工作，将气体吸进压出，形成了气体的连续流动，从而形成了连续的工作。

送、引风机从风机的角度而言没有区别，都是由电动机带动风机的扇页旋转产生风，其结构都是相同的，引、送风机的作用不同是由它们安装的部位决定的，前者位于锅炉的后端，向锅炉外的烟道鼓风，对炉膛产生负压，对烟气起导引作用，所以叫引风机；后者相反，位于锅炉的前端，向锅炉内鼓风，所以叫送风机。

任务实施

一、实训目的

1. 根据任务书及现场勘察，分析控制对象，明确任务功能。
2. 通过小组形式能合理分配各项工作任务，增强沟通交流，提高团体协作能力。
3. 进行 PLC 设备及外围电气仪表的选型，熟悉 PLC 工作原理及软、硬件工作环境。

二、主要实训器材

PLC 控制器、外围电气设备、工具、仪表、材料等常见学习设备。

三、实训内容

1. 控制对象分析

仔细阅读作业任务书，可以查找相关资料文献或通过实地现场勘察等手段，进一步了解控制对象，明确任务内容，掌握控制量的特性。合理分配小组人员的工作任务并进行组内讨论，制订小组工作计划和前期方案。

查阅关于锅炉风机系统的相关资料，对原继电接触器控制电路进行分析，确认需要改造的内容及方案。通过查阅资料及现场勘察，发现原电动机容量较大，运行方式为单向运动，启动采用三相异步电动机星三角降压方式。原电路如图 3—1—1 所示。

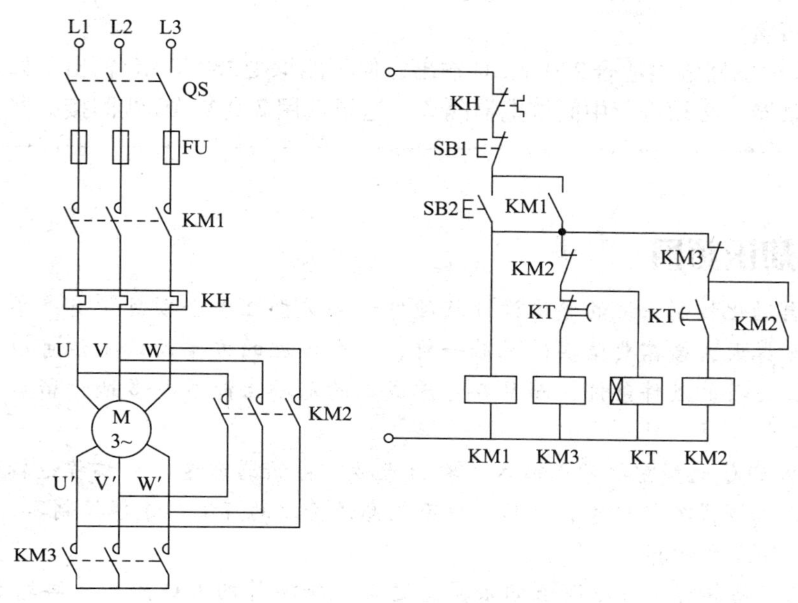

图 3—1—1　三相异步电动机星三角降压启动电路图

通过分析以上电路，可以看到这是一个典型的通电延时星三角降压启动电路，电路中包括了接触器互锁保护、热继电器保护、时间继电器计时等部分。可看到接触器组成的电路系统复杂、不易维修与检测。从而也可体现本次任务的 PLC 自动化改造对该设备有积极意义。

2. 工艺点位表制作

作为一个控制系统，要求能对系统的输入、输出环节中参与控制的变量进行数量和类型的统计，搞清系统的各个变量（见表 3—1—1）。

表 3—1—1　　三相异步电动机星三角降压启动电路工艺点位统计表

输入信号			输出信号		
名称	符号	作用	名称	符号	作用
总停按钮	SB1	停止	主路接触器	KM1	主路通电
启动按钮	SB2	启动	三角形接触器	KM2	构成三角形连接
热继电器	KH	过载保护	星形接触器	KM3	构成星形连接

通过填写系统点位表，可以看到输入部分包括人机操作界面的启停按钮、过载保护的热继电器，输出部分包括构成星三角降压启动电路的 KM1、KM2、KM3 三个接触器。

3. 主要设备选型

通过系统点位统计表，可看到输入部分共有 3 个信号，且都为干触点无外带电源干扰，故适合 PLC 输入端自带电源方式直接输入。输出部分共有 3 个控制点，且需要外接至少 220 V AC 电源，故考虑使用 PLC 继电器输出方式。

通过以上分析，即可结合实际设备进行合理选型。

4．注意事项

一般 PLC 继电器输出适合 220 V AC 输出，但不能承受 380 V AC 输出。如果选用 380 V AC 线圈的接触器，必须进行中间继电器隔离。这里选用 220 V AC 线圈接触器。

知识拓展

工业自动化控制系统的整体设计及硬件设备选型在整个项目中有着举足轻重的地位，犹如摩天大楼需要坚实的基础一样，一个合理的方案设计不但可以为完成系统功能建立完善的硬件条件，而且在考虑成本的基础上能尽量多地预留后期扩展功能需求。

一般的 PLC 选型需要考虑输入、输出点数，存储器容量，可编程逻辑控制器的控制功能，外围设备特性等，最后选择有较高性价比的可编程逻辑控制器。

一、I/O 点数估算

I/O 点数估算时应考虑适当的余量，通常根据统计的 I/O 点数，再增加 10% ~ 20% 的可扩展余量后，作为 I/O 点数估算数据。实际订货时，还需根据制造厂商可编程逻辑控制器的产品特点，对实际可用的 I/O 点数进行核实。

二、存储器容量估算

存储器容量是可编程序控制器本身能提供的硬件存储单元大小，程序容量是存储器中用户应用项目使用的存储单元的大小，因此程序容量必须小于存储器容量。设计阶段，由于用户应用程序还未编制，因此程序容量在设计阶段是未知的，需在程序调试之后才知道。为了设计选型时能对程序容量有一定估算，通常采用存储器容量的估算来替代。

存储器内存容量的估算没有固定的公式，许多文献资料中给出了不同公式，大体上都是按数字量 I/O 点数的 10 ~ 15 倍，加上模拟 I/O 点数的 100 倍，以此数为内存的总字数（16 位为一个字），另外再按此数的 25% 考虑余量。

三、控制功能的选择

控制功能选择包括运算功能、控制功能、通信功能、编程功能、诊断功能和处理速度等特性的选择。

四、通信功能

大中型可编程逻辑控制器系统应支持多种现场总线和标准通信协议（如 TCP/IP），需要时应能与工厂管理网（TCP/IP）相连接。

五、编程功能

离线编程方式：可编程逻辑控制器和编程器共用一个 CPU，编程器在编程模式时，CPU 只为编程器提供服务，不对现场设备进行控制。完成编程后，编程器切换到运行模式，CPU 对现场设备进行控制，不能进行编程。离线编程方式可降低系统成本，但使用和调试不方便，在小型系统中经常采用。

在线编程方式：CPU 和编程器有各自的 CPU，主机 CPU 负责现场控制，并在一个扫描周期内与编程器进行数据交换，编程器把在线编制的程序或数据发送到主机，下一扫描周期，主机就根据新收到的程序运行。这种方式成本较高，但系统调试和操作方便，在大中型可编程逻辑控制器中常采用。

六、诊断功能

可编程逻辑控制器的诊断功能包括硬件和软件的诊断。硬件诊断通过硬件的逻辑判断确定硬件的故障位置，软件诊断分内诊断和外诊断。通过软件对 PLC 内部的性能和功能进行诊断是内诊断，通过软件对可编程逻辑控制器的 CPU 与外部输入、输出等部件信息交换功能进行诊断是外诊断。可编程逻辑控制器的诊断功能的强弱直接影响对操作和维护人员技术能力的要求，并影响平均维修时间。

七、处理速度

可编程逻辑控制器采用扫描方式工作。从实时性要求来看，处理速度应越快越好，如果信号持续时间小于扫描时间，则可编程逻辑控制器将扫描不到该信号，造成信号数据的丢失。处理速度与用户程序的长度、CPU 处理速度、软件质量等有关。目前，可编程逻辑控制器接点的响应快、速度高，每条二进制指令执行时间为 0.2 ~ 0.4 μs，因此能适应控制要求高、相应要求快的应用需要。

学习活动 2　电气回路与 PLC 接线图

学习目标

1. 熟悉电力拖动基本电路，结合工艺设备合理分析并制定主回路控制方案。
2. 能设计安全、合理、经济的电气回路，完成对电动机的多重保护功能。
3. 能根据工艺点位统计表，结合控制要求完成 PLC I/O 分配表。
4. 能设计、绘制规范的电气图与 PLC 接线图。

知识准备

一、常见的三相异步电动机降压启动控制电路

启动时加在电动机定子绕组上的电压为电动机的额定电压，属于全压启动，也叫直接启动。直接启动的优点是所用电气设备少，线路简单，维修量小。但直接启动时的启动电流较大，一般为额定电流的 4 ~7 倍。在电源变压器容量不够大，而电动机功率较大的情况

下，直接启动将导致电源变压器输出电压下降，不仅会减少电动机本身的启动力矩，而且会影响同一供电线路中其他电气设备的正常工作。因此，较大容量电动机启动时，需要采用降压启动的方法。

降压启动是指利用启动设备将电压适当降低后，加到电动机的定子绕组上进行启动，待电动机启动运转后，再使其电压恢复到额定电压正常运行。

常用的降压启动电路有定子绕组串电阻降压启动、自耦变压器降压启动、星三角降压启动、延边三角形降压启动。本次项目采用的是星三角降压启动控制线路。

二、电气设计的一般原则与要求

由于电气控制线路是为整个系统或机械设备服务的，所以在设计前就要深入现场收集有关资料，进行必要的调查研究。一般应遵循以下原则：

1. 应最大限度地满足机械设备对电气控制线路的控制要求和保护要求。
2. 在满足生产工艺的要求下，应力求控制线路简单、合理、经济。
3. 保证控制的可靠性和安全性。
4. 要充分考虑工作人员操作方便，后期维护便利。

小贴士

在星三角降压启动电路中，由于接触器进行变换，特别要防止缺相。根据电机学原理，电动机在缺相时，定子绕组流通的不再是三相交流电流，而是单相电流。气隙中的磁场由圆形旋转磁场变为单相脉振磁场，一方面，电动机缺相启动时，其启动转矩为零。电动机实际上是处于两相短路状态，电动机绕组严重发热，破坏电动机绝缘，以至于烧毁电动机，影响生产，甚至造成事故。另外，电动机在缺相运行时，过载能力已明显减低，转差率变大，定、转子电流加大，势必使绕组发热，这对电动机运行极为不利。

小词典

PLC 的输出有继电器和晶体管两种类型，两者的工作参数差别较大，使用前需加以区别，以免误用而导致产品损坏，具体如下：

一、继电器和晶体管构成原理

电磁式继电器一般由铁芯、线圈、衔铁、触点簧片等组成。只要在线圈两端加上一定的电压，线圈中就会流过一定的电流，从而产生电磁效应，衔铁就会在电磁力的作用下克服返回弹簧的拉力吸引衔铁，从而带动衔铁的动触点与静触点（常开触点）吸合。当线圈断电后，电磁的吸力也随之消失，衔铁就会在弹簧的反作用力作用下返回原来的位置，使动触点与原来的静触点（常闭触点）吸合。这样吸合、释放，从而使电路导通、切断。从继电器的工作原理可以看出，它是一种机电元件，通过机械动作来实现触点的通断，是有触点元件。

晶体管是一种电子元件，它通过基极电流来控制集电极与发射极的导通。它是无触点元件，通常应用于自动控制电路中，它实际上是用较小的电流去控制较大电流的一种“自动开关”。

二、负载

继电器型可接交流 220 V 或直流 24 V 负载，没有极性要求；晶体管型只能接直流 24 V 负载，有极性要求。继电器的负载电流比较大，可以达到 2 A，晶体管负载电流为 0.2 ~ 0.3 A。

三、响应时间

继电器响应时间比较慢（10 ~ 20 ms），晶体管响应时间比较快，为 0.2 ~ 0.5 ms，对特殊输出端口，如 Y0、Y1 甚至可以达到 10 μs。

四、使用寿命

继电器由于是机械元件，受到动作次数的寿命限制，且与负载容量有关，随着负载容量的增加，触点寿命几乎按级数规律减少。晶体管是电子元件，只有老化，没有使用寿命限制。

任务实施

一、实训目的

1. 能根据任务需要合理设计电气主回路，并对电动机进行多重保护措施。
2. 能根据工艺点位统计表，结合控制要求完成 PLC I/O 分配表。
3. 能设计、绘制规范的电气图与 PLC 接线图。

二、主要实训器材

PLC 控制器、外围电气设备、工具、仪表、材料等常见学习设备。

三、实训内容

1. 电气主回路的设计

通过前面对项目任务的分析，结合控制对象的特点，星三角降压启动方式适合锅炉风机的启动和运行工况。故保留原电气主回路，电动机启动仍采用星三角降压启动方式，如图 3—2—1 所示。

在图 3—2—1 中可以看到，KM1 完成主电路的通电，KM2 构成三角形接线方式，KM3 构成星形接线方式。

2. 制作 I/O 分配表

根据上面分析的系统结构图，输入有 1 个启动按钮开关、1 个停止按钮开关、1 个热继电器共 3 个输入点。这个控制系统最终完成一个三相异步电动机的星三角降压启动，故需要控制的对象有 KM1 主接触器、KM2 三角形接触器、KM3 星形接触器，所以输出点应该有 3 个。对应的地址分配表见表 3—2—1。

从以上的 I/O 分配表可以看到 PLC 控制系统内全部的硬件接口设备，输入设备包括按钮、热继电器，输出设备为接触器。

3. 绘制 PLC 接线图

根据以上分析，锅炉风机仍由三相异步电动机提供动力，采用经济实用的星三角降压启动电路，故主电气回路图保留原设计。本次任务只需对控制部分进行改造，把原继电器控制系统改为 PLC 控制系统实现。

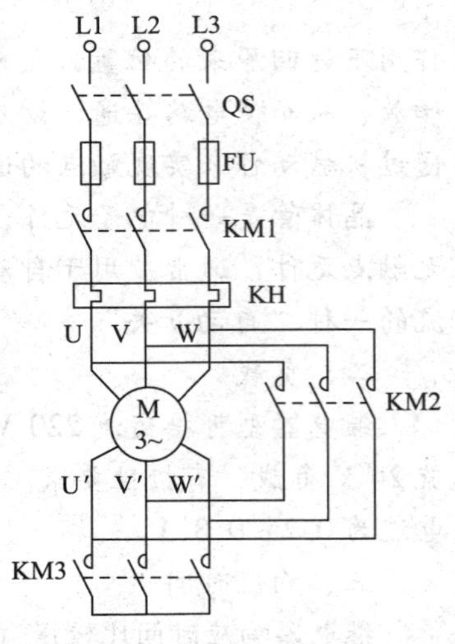

图 3—2—1　三相异步电动机星三角降压启动主电路图

表 3—2—1　　锅炉风机 PLC 改造 I/O 地址分配表

输入信号			输出信号		
名称	代号	输入点编号	名称	代号	输出点编号
总停按钮	SB1	X000	主路接触器	KM1	Y000
启动按钮	SB2	X001	三角形接触器	KM2	Y001
热继电器	KH	X002	星形接触器	KM3	Y002

结合系统结构图及 I/O 分配表，绘制控制部分的 PLC 接线图，如图 3—2—2 所示。

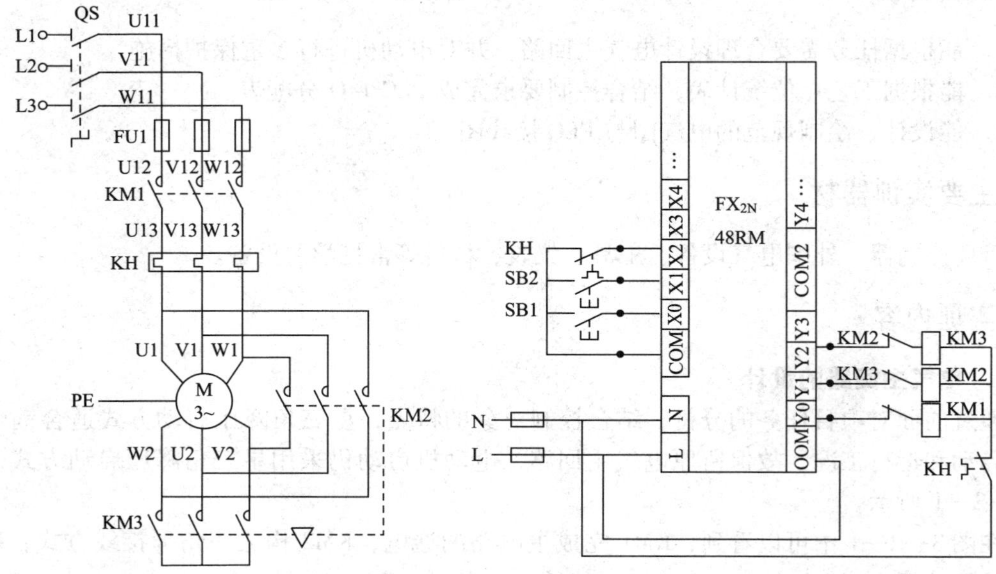

图 3—2—2　锅炉风机 PLC 改造硬件接线

4. 注意事项

在这里选择热继电器 KH 的常闭触点接入 X2。其实，无论是常开触点还是常闭触点都可以被接入输入端，但需要编程时与程序配合使用。还有，KM2 构成三角形接线方式，KM3 构成星形接线方式，两者的线圈要求进行硬件互锁，确保电路不会出现短路现象。

知识拓展

继电器与晶体管输出选型原则。继电器型输出驱动电流大、响应慢，有机械寿命，适用于驱动中间继电器、接触器的线圈、指示灯等动作频率不高的场合。晶体管输出驱动电流小、频率高、寿命长，适用于控制伺服控制器、固态继电器等要求频率高、寿命长的应用场合。在高频应用场合，如果同时需要驱动大负载，可以加其他设备（如中间继电器，固态继电器等）方式驱动。

使用中应注意的事项。目前市场上经常出现继电器问题的客户现场有一个共同的特点，就是出现故障的输出点动作频率比较快，驱动的负载都是继电器、电磁阀或接触器等感性负载而且没有吸收保护电路。因此，建议在 PLC 输出类型选择和使用时应注意以下几点：

一、一定要关注负载容量

输出端口须遵守允许最大电流限制，以保证输出端口的发热限制在允许范围。继电器的使用寿命与负载容量有关，当负载容量增加时，触点寿命将大大降低，因此要特别关注。

二、一定要关注负载性质

感性负载在开合瞬间会产生瞬间高压，因此表面上看负载容量可能并不大，但是实际上负载容量很大，继电器的寿命将大大缩短，因此当驱动感性负载时应在负载两端接入吸收保护电路。尤其在工作频率比较高时务必增加保护电路。增加吸收保护电路后的改善效果十分明显。

根据电容的特性，如果直接驱动电容负载，在导通瞬间将产生冲击浪涌电流，因此原则上输出端口不宜接入容性负载，若有必要，需保证其冲击浪涌电流小于规格说明中的最大电流。

三、一定要关注动作频率

当动作频率较高时，建议选择晶体管输出类型，如果同时还要驱动大电流则可以使用晶体管输出驱动中间继电器的模式。当控制步进电动机伺服系统，或者用到高速输出 PWM 波，或者用于动作频率高的节点等场合，只能选用晶体管型。PLC 对扩展模块与主模块的输出类型并不要求一致，因此当系统点数较多而功能各异时，可以考虑继电器输出的主模块扩展晶体管输出或晶体管输出主模块扩展继电器输出以达到最佳配合。

学习活动3　软件编程与运行调试

学习目标

1. 熟悉 PLC 软件的基本界面，掌握 PLC 软件的基本操作及用法。
2. 熟悉梯形图编程基本原则。
3. 能进行程序流程图设计。
4. 掌握运行调试的一般步骤。
5. 能安全上电，并进行调试参数记录。

知识准备

一、关于编程语言

PLC 的用户程序是设计人员根据系统的工艺控制要求，通过 PLC 编程语言的编制规范，按照实际需要使用的功能来设计的。只要用户能够掌握某种标准编程语言，就能够使用 PLC 在控制系统中实现各种自动化控制功能。

根据制定的工业控制编程语言标准（IEC1131 -3），PLC 有五种标准编程语言：梯形图语言（LD）、指令表语言（IL）、功能模块语言（FBD）、顺序功能流程图语言（SFC）、结构化文本语言（ST）。这五种标准编程语言简单易学。

二、定时器使用

PLC 中的定时器相当于继电器系统中的时间继电器。它有一个设定值寄存器（一个字长）、一个当前值寄存器（一个字长）和一个用来储存其输出触点状态的映像寄存器（占二进制的一位），这三个存储单元使用同一个元件号。

三、上电调试运行

完成程序编写后必须通过运行调试才能验证其可用性，在调试过程中经常需要对程序或硬件等进行修改，只有不断地循环验证，才能提高编程水平、调试技能。

小贴士

什么是 PLC 程序调试？PLC 程序调试是指在工业现场，把一个 PLC 系统调试到能达到想要的功能并正常运行的过程。PLC 程序现场调试是一个工程最后一道工序，若调试成功，即可交给用户使用，或试运行。

现场参与调试的人员较多，有时也会比较乱，因此，在调试之前写好调试大纲是非常必要的。在 PLC 程序现场调试时，按照大纲一步步进行工作，可以避免不必要的麻烦。可随着调试的进展逐步加电、开机、加载，直到按额定条件运转。

小词典

一、定时器的作用

对于电气自动化过程控制，除了以上任务中常见的简单逻辑流程，还会出现时间关系和计数问题。简单逻辑指令可以完成任务工艺流程中的逻辑组合关系，但无法进行时间判断和数量累计，这里就要提到 PLC 指令中的定时器和计数器。它们可以完成时间上的先后顺序关系和数量累计计算，对于处理复杂逻辑流程有着十分重要的作用。

二、定时器的种类和使用

定时器（T）（字、bit）不同于开关量软元件，它包含一个字元件（word）和一个开关量元件（bit），即定时器在可编程序控制器中的作用相当于一个时间继电器。它有一个设定值寄存器（字）、一个当前值寄存器（字）以及无数个触点（bit）。对于每一个定时器，这三个量使用同一名称，但使用场合不一样，其所指也不一样。通常在一个可编程序控制器中有几十至数百个定时器，可用于定时操作。

在 PLC 内定时器是根据时钟脉冲累积计时的，时钟脉冲有 1 ms、10 ms、100 ms，当所计时间到达设定值时，其输出触点动作，即常开闭合、常闭断开。定时器的元件号及其设定值和动作见表 3—3—1。

表 3—3—1　　FX 系列 PLC 定时器分布表

名称	类型	定时精度	定时范围	可使用点数
定时器	非积算定时器	100 ms	0. 1 ~ 3 276. 7 s	T0 ~ T199（200 点）
		10 ms	0. 01 ~ 327. 67 s	T200 ~ T245（46 点）
	积算定时器	1 ms	0. 00 1 ~ 32. 67 s	T246 ~ T249（4 点）
		100 ms	0. 1 ~ 3 276. 7 s	T250 ~ T255（6 点）

表 3—3—1 中对 PLC 的各类定时器做了分类和描述，使用者可以根据需要合理选用。

非积算定时器工作过程如图3—3—1所示。其中，X1代表信号输入，定时器T1在接收到启动信号后，延时5s启动T1常开触点，则Y2最后得电输出。注意，在X1接通5s内断开，则T1延时启动将不能实现。

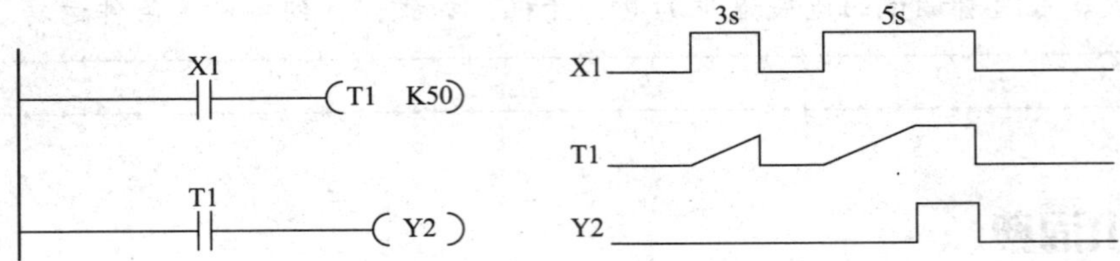

图3—3—1　非积算定时器工作过程

定时器可以用常数K作为设定值，也可将后述的数据寄存器（D）的内容用作设定值。在后一种情况下，一般使用有停电保持功能的数据寄存器。即便如此，若锂电池电压降低，定时器、计数器均可能发生误动作。实际中经常使用T0～T199定时器，对特殊情况可以选择其他类型的定时器。

三、自保持指令SET和解除指令RST

在日常的继电器控制回路中，要维持一个继电器工作经常使用自锁电路实现。在PLC编程中也经常构建自锁形式的梯形图，用来完成对某个输出点的持续控制。因为这类功能使用频率较高。PLC中为用户提供了两个方便的基本指令：自保持指令SET和解除指令RST。

使用方法也十分简单，举例如下（见图3—3—2）。

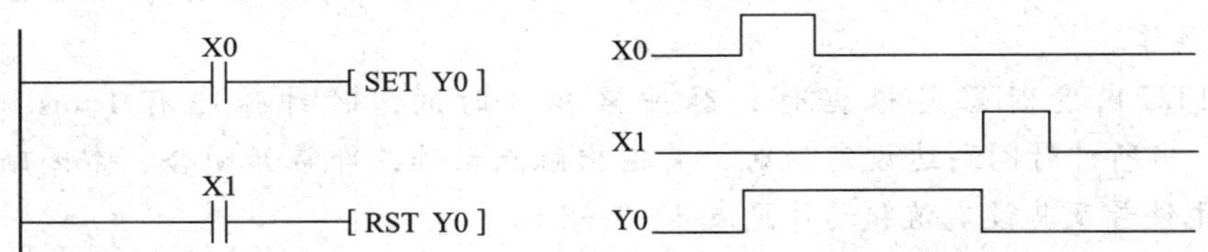

图3—3—2　自保持指令和解除指令工作

当按下X0时，则Y0被置位；当按下X1时，则Y0被复位。这里说明，只要X0接通一个扫描周期，即使X0再断开，Y0也保持接通状态。同理，只要X1接通一个扫描周期，即使X1再断开，Y0也将保持断开。对于其他软件M、S也同样。

对同一个元件可以多次使用SET和RST指令，顺序可任意，但以扫描的最后一条指令有效。特别指出，RST指令经常被用于字元件的复位，如数据寄存器D、计时器T、计数器C等都可以用RST来进行清零（用常数K0的传送指令也可以得同样的结果）。

任务实施

一、实训目的

1. 能熟练操作编程软件，进行程序编写。
2. 能进行程序下载，并上电调试。
3. 能解决调试过程中的各类软件、硬件问题。

二、主要实训器材

PLC 控制器、外围电气设备、工具、仪表、材料等常见学习设备。

三、实训内容

1. 编程软件基本操作

掌握编程软件基本操作步骤，能建立新工程。根据任务要求，进行梯形图的编写。

2. 控制策略编写

分析任务中锅炉风机降压启动过程中三个接触器的动作，结合已掌握的编程知识，进行控制策略编写。控制策略可以是任务流程图的形式，或文字形式，或两者结合的形式，其目的是完成控制任务的分解，使编程人员能把复杂的程序任务化简为多个简单任务的组合。锅炉风机控制系统 PLC 控制流程图如图 3—3—3 所示。

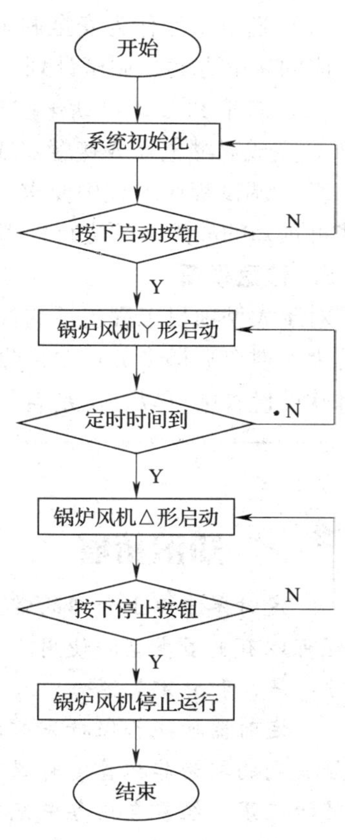

图 3—3—3　锅炉风机控制系统 PLC 控制流程

辅助功能包括接触器 KM2 和 KM3 的互锁保护、热继电器保护。

3. 定时器的使用

从控制流程图可以看出，KM1 开始后一直运行，可以采用自锁语句实现。同时，按时间进行切换的过程，可采用定时器进行切换。下面通过如图 3—3—4 所示的定时器使用示例描述关键语句。

以上程序第一句自锁语句用于启动 Y0；第二句通过通电延时定时器构成 Y1 自锁回路，产生一个脉冲；第三句通过时间点来触发另一个自锁语句。同时，可以调节 T1 的时间参数来进行脉冲宽度的调节。

自锁语句、脉冲语句在平时的编程中经常被用到，可以直接套用。通过灵活应用这些基本语句，可以实现复杂的功能。

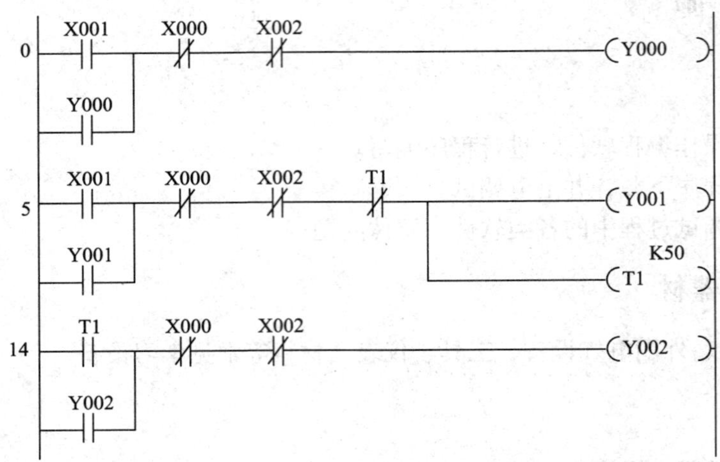

图 3—3—4 定时器使用示例

4. 运行调试

(1) 送电工作作为安全调试的第一步，应作为重中之重。特别是对于大型项目要求制定相应的送电方案、调试计划，经过论证后方可进行。

(2) 对于 PLC 等自动化控制系统要求调试工作从小电流到大电流的工作过程。即先通过 PLC 完成对继电器或接触器线圈的控制，正常后再进行主电路的通电。

(3) 调试程序过程中要求不断地调整硬件或软件，使系统处于正常的工作状态。对于一些可预知的故障必须进行模拟，以此来修改程序，进而增强程序的抗干扰性。

5. 注意事项

对于大型项目工程包括的控制变量数将十分庞大，有几百、几千甚至上万。这时良好的编程习惯会显得十分重要，除了要模块化编程思路外，对变量进行别名的设置也很实用。通过软件设置中可以显示别名与注释，这将增强程序的可读性和可维护性。

知识拓展

定时器除以上介绍的常见用法外，根据使用场合、功能选择、精度要求等情况还可以有更多类型的使用。

一、积算定时器

定时器按能否保持先前计时状态可以分为非积算定时器和积算定时器。前面已经提到的即为非积算定时器。非积算定时器使用广泛，要求读者必须能熟练掌握并灵活应用，经常在任务中充当延时逻辑关系。积算定时器使用方法与非积算定时器基本类似，使用示例如图 3—3—5 所示。

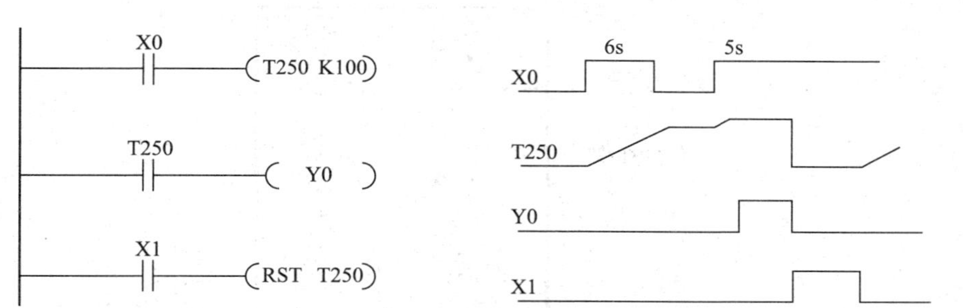

图 3—3—5　积算定时器使用示例

其中，X0 代表信号输入，X1 代表复位信号，定时器 T250 在接收到信号后，开始计时。5 s 后 X0 信号消失，则 T250 停止。过后 X0 继续输入信号，则 T250 累计计时，直到设定值 10 s 到后 Y0 输出。输入 X1 复位信号则 T250 被复位，T250 常开恢复 Y0 停止。

定时器在一些对时序要求较高的场合中，还应该注意触点的动作时序及精度。定时器在其线圈被驱动后开始计时，到达设定值后，在执行第一个线圈指令时输出触点动作。定时器符号含义如图 3—3—6 所示。

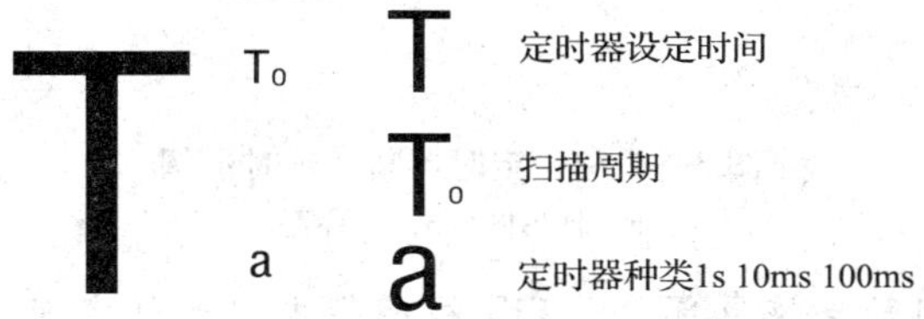

图 3—3—6　定时器符号含义

如果编程时定时器触点指令写在线圈指令之前，在最坏的情况下，定时器线圈触点动作误差为 +2 To。但当定时器的设定值为 0 时，在下一扫描周期执行线圈指令时输出触点就动作。另外，1 ms 定时器在执行线圈指令后，以中断方式对 1 ms 时钟脉冲计数。

二、定时器精度调节旋钮

定时器除了由软件进行调节外，PLC 还提供了硬件调节旋钮即可调电位器 RPl、RP2，如图 3—3—7 所示。

三、断开延时控制的使用

PLC 中定时器都是接通延时，如图 3—3—8 所示为断开延时程序的梯形图和动作时序图。

程序的运行过程：当定时启动信号 X13 接通时，M0 线圈接通并自锁，输出继电器 Y3 线圈接通，这时定时器 T13 因 X13 常闭触点断开而没有定时。当启动信号 X13

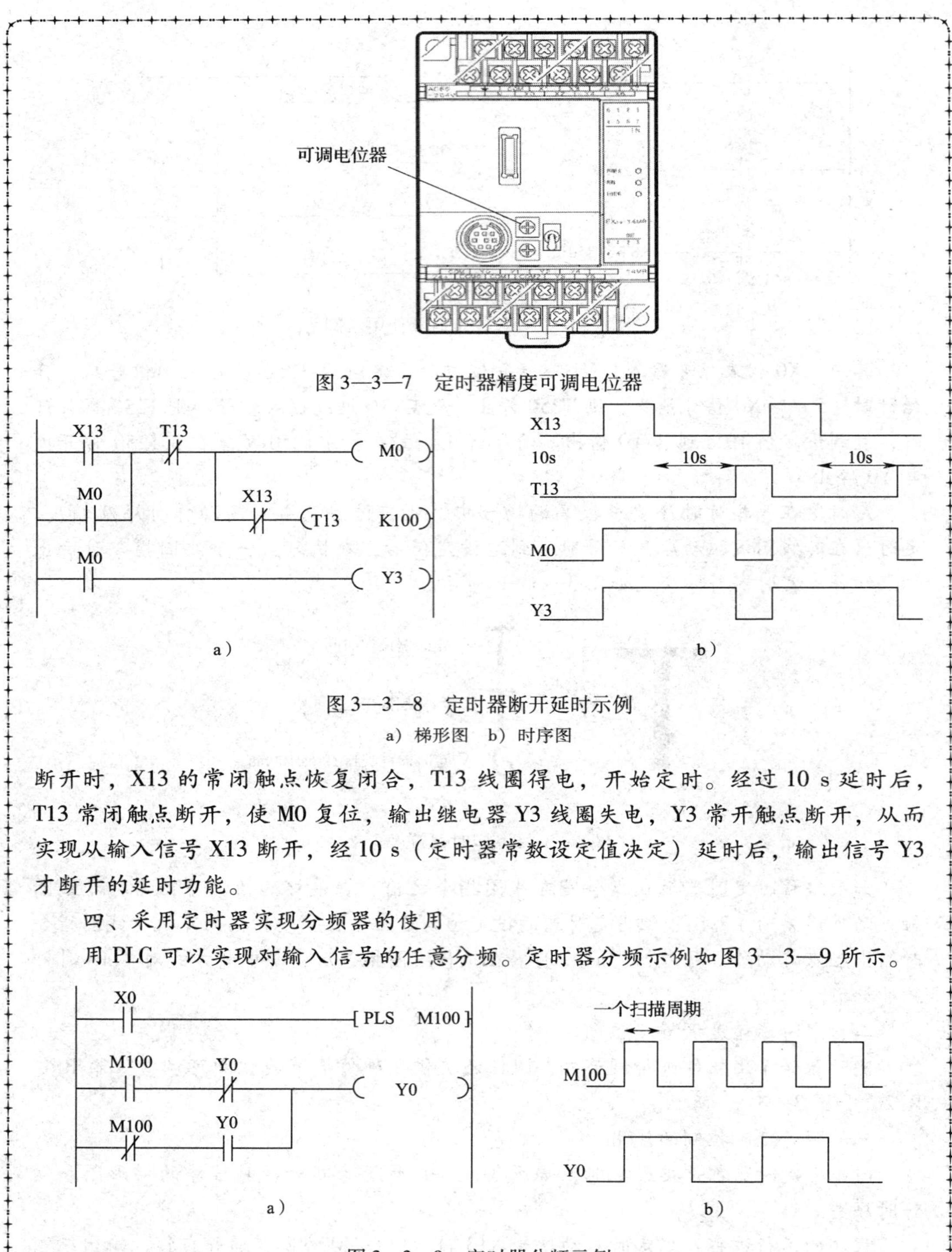

图 3—3—7　定时器精度可调电位器

图 3—3—8　定时器断开延时示例

a）梯形图　b）时序图

断开时，X13 的常闭触点恢复闭合，T13 线圈得电，开始定时。经过 10 s 延时后，T13 常闭触点断开，使 M0 复位，输出继电器 Y3 线圈失电，Y3 常开触点断开，从而实现从输入信号 X13 断开，经 10 s（定时器常数设定值决定）延时后，输出信号 Y3 才断开的延时功能。

四、采用定时器实现分频器的使用

用 PLC 可以实现对输入信号的任意分频。定时器分频示例如图 3—3—9 所示。

图 3—3—9　定时器分频示例

a）梯形图　b）时序图

待分频的脉冲信号加在 X0 端，在第一个脉冲信号到来时，M100 产生一个扫描周期的脉冲，使 M100 的常开触点闭合一个扫描周期。这时确定 Y0 状态的前提是 Y0 置 0，M100 置 1。图 3—3—9a 中 Y0 工作条件的两个支路中 1 号支路接通，2 号支路断开，Y0 置 1。第一个脉冲到来一个扫描周期后，M100 置 0，Y0 置 1，在这样的条件下分析 Y0 的状态，第二个支路使 Y0 保持置 1。当第二个脉冲到来时，M100 产生一个扫描周期的单脉冲，这时 Y0 置 1，M100 也置 1，这使得 Y0 的状态由置 1 变为置 0。第二个脉冲到来一个扫描周期后，Y0 置 0 且 M100 也置 0，直到第三个扫描到来时 Y0 及 M100 的状态和第一个脉冲到来时完全相同，Y0 的状态变化将重复前边讨论过的过程。通过以上的分析可知，X0 每送两个脉冲，Y0 产生一个脉冲，完成了对输入信号的分频。

五、定时器实现连续脉冲的使用

在 PLC 程序设计中，也经常需要一系列连续的脉冲信号作为计数器的计数脉冲或其他作用。以下通过两个例子来说明其用法。

第一个例子，利用定时器实现固定的机器周期脉冲，其梯形图与时序图如图 3—3—10 所示。

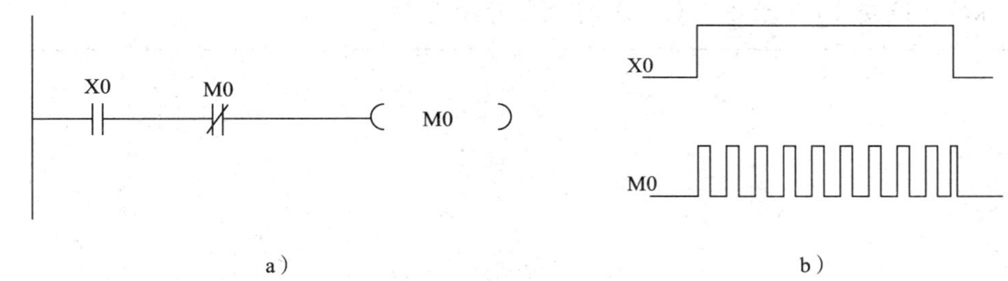

图 3—3—10　定时器产生连续脉冲

a）梯形图　b）时序图

图 3—3—10 中，利用辅助继电器 M0 产生一个脉宽为一个扫描周期、脉冲周期为两个扫描周期的连续脉冲。该梯形图是利用 PLC 的扫描工作方式来设计的。当 X0 常开触点闭合后，第一次扫描到 M0 常闭触点时，它是闭合的，于是 M0 线圈得电。当第二次从头开始扫描，扫描到 M0 的常闭触点时，因 M0 线圈得电后其常闭触点已经断开，所以使 M0 线圈失电，这样，M0 线圈得电时间为一个扫描周期。M0 线圈不断连续地得电、失电，其常开触点也随之不断连续地闭合、断开，就产生了脉宽为一个扫描周期的连续脉冲信号输出，脉冲宽度和脉冲周期不可调节。

第二个例子，利用定时器实现可调的周期脉冲，其梯形图与时序图如图 3—3—11 所示。

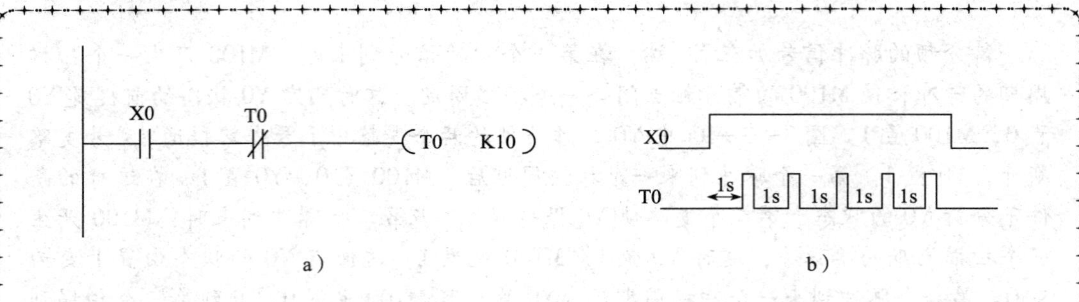

图 3—3—11　定时器实现可调脉冲

a）梯形图　b）时序图

图 3—3—11 中，利用定时器 T0 产生一个周期可调节的连续脉冲。当 X0 常开触点闭合后，第一次扫描到 K10 常闭触点时，它是闭合的，于是，K10 线圈得电，经过 1 s 的延时，K10 常闭触点断开。T0 常闭触点断开后的下一个扫描周期中，当扫描到 T0 常闭触点时，因它已断开，使 T0 线圈失电，T0 常闭触点又随之恢复闭合，这样，在下一个扫描周期扫描到 T0 常闭触点时，又使 T0 线圈得电，重复以上动作，T0 的常开触点连续闭合、断开，就产生了脉宽为一个扫描周期、脉冲周期为 1 s 的连续脉冲，改变 T0 常数设定值，就可改变脉冲周期。

任务四　运料小车的安装与调试

学习目标

1. 能独立进行工艺流程分析，明确控制对象的操作要求及功能。

2. 能选定合理的自动化解决方案，完成控制系统结构设计。

3. 能根据工艺要求，绘制电气回路图及 PLC 接线图，编制 I/O 分配表。

4. 能根据工艺流程及控制功能进行程序设计，并根据梯形图编写语句指令表。

5. 能进行设备接线并完成 PLC 程序的调试工作，且调试过程中能独立完成软件与硬件的修改。

建议课时

40 学时

任务描述

早期运料小车电气控制系统多为继电器—接触器组成的复杂系统，这种系统存在设计周期长、体积大、成本高等缺陷，无数据处理和通信功能，必须有专人负责操作，将 PLC 应用到运料小车电气控制系统，可实现运料小车的自动化控制，降低系统的运行费用，PLC 运料小车电气控制系统具有连线简单，控制速度快，可靠性和可维护性好，易于安装、维修和改造等优点。随着经济的发展，运料小车不断扩大到各个领域，从手动到自动，逐渐形成了机械化、自动化。PLC 在运料小车控制系统中的应用，已经在国内外工程、工厂中得到实际应用，具有巨大的经济和社会价值，其智能化和自动化的思路值得以后继续深入研究和推广。

现有某化工厂糖精车间由于产品包装需求，需设计一套运料小车自动往返传输线，用户要求在 3 个工作日内完成该项工作，安装公司同意接受该项工作任务，开出任务单并委派维修电工人员前往该企业作业，并按客户要求完成任务，把客户验收单交付公司。

运料小车通常采用三相异步电动机驱动，电动机正转小车前进，电动机反转小车后退。如图 4—0—1 所示是运料小车工作示意图。

系统的设计要求：小车由电动机驱动，启动后，小车先返回 A 地限位开关 ST1 处，装料门打开，同时停车 20 s 装料；然后自动驶往 B 点，到达限位开关

ST2 处后停车，底门电磁阀动作，卸料 30 s，然后返回 A 点，再次停车 20 s 装料；如此反复 3 趟，自动停止。

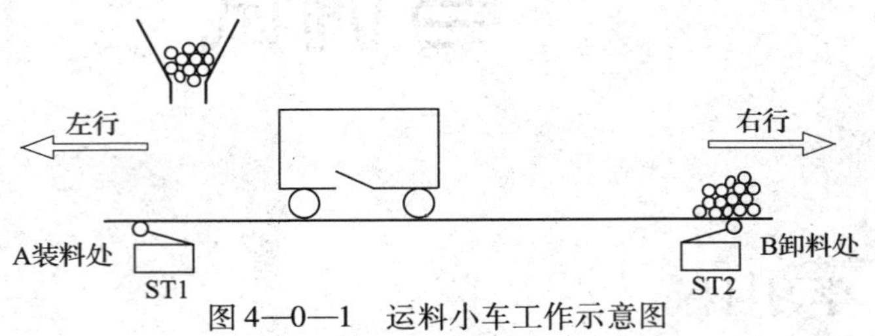

图 4—0—1　运料小车工作示意图

工作流程与活动

学习活动 1　控制系统的设计
学习活动 2　电气回路与 PLC 接线图
学习活动 3　软件编程与运行调试

学习活动 1　控制系统的设计

学习目标

1. 通过真实项目加深对自动控制系统的理解。
2. 能对具体项目中的被控对象、被控量、给定值、扰动值等概念有清晰的认识。
3. 能分析系统内的信号类型，统计控制点数，制作工艺点位统计表。
4. 能根据控制原理与实际工艺，进行电气控制设备的选型和电气控制线路的设计。

知识准备

一、自动控制系统设计基本原则

自动控制系统是在人工控制系统的基础上发展起来的。这里利用控制装置代替人的眼睛、大脑和手，来完成控制的功能要求。自动控制就是在没有人直接参与的情况下，利用控制装置对生产过程或设备的某个参数进行控制，使之按照预定的规律运行。

在进行自动控制系统设计时，首先，要求最大限度地满足工业生产需要；其次，妥善处理好电气与机械的关系，机电一体化方案力求简洁、高效、安全；最后，保证系统安全可靠，后期维护便利。

二、系统内具体信号及类型的统计

对任务所要求的控制功能做进一步分析，梳理输入与输出环节。同时，对与外界进行作用的各个输入、输出点进行统计，并整理核实。根据每个输入、输出点的工艺编号制作相应的点位统计表，便于下一步 I/O 分配表的制作。

三、基本电气控制回路设计

熟练掌握常见的电力拖动基本控制回路，能通过电路本身对电动机进行相应保护，初步具备复杂电气控制回路的设计和调试能力。

四、主要电气设备选型

电气设备主要根据外围设备的需求进行合理选型，选择的 PLC 应能够满足系统控制需求。PLC 设备的主要性能体现在 CPU 的运算处理速度、存储器容量、I/O 点位数量、I/O 类型、软件控制功能、硬件诊断功能、电源系统、冗余性能等方面。

小贴士

运料小车在当今工业领域的应用十分广泛，而传统运料小车大多是继电器控制系统，电路复杂、维修难度大、不能灵活升级。为提高工业自动化水平，提升企业生产效率，目前大多采用 PLC 来改造运料小车控制系统。特别是对于多站点、高精度、大负荷的运料小车，必须采用 PLC 配合变频器来完成。

为适应各个工业现场实际情况，运料小车在控制功能上的要求也日益复杂。从传统的两地自动往返，到多地自由呼叫；从工频恒速运行，到快、稳、准的高精度定位变频运行；从单一工序流程，到复杂的智能判断路线。无论是电气控制方式的改进，还是机械生产设备工序的优化，无不体现着现代工业自动化技术的强大力量。

小词典

以 PLC 为核心的工业自动控制系统早已成为工业自动化的三大支柱之一。PLC 的选择无论对于系统使用方，还是系统集成商而言都是首要的问题。这其中不仅仅是生产成本问题，更是生产质量与生产安全的问题。

对于目前我国市场上主流的 PLC 品牌，大致为欧系、美系、日系及国产 PLC。

欧洲作为老牌工业基地，每个工业国家都有自己优秀的 PLC 生产商。在这里不得不提及德国西门子 S7 系列 PLC。西门子系列 PLC 较早进入中国，已经有了最广大的学习群体和使用者。从大型的系统控制到一个小小的控制站都有着西门子系列 PLC 的身影。此外还有许多优秀的 PLC 生产厂商，比如 LG、施耐德（莫迪康）、ABB 等，它们都在各自的领域有着不同的建树。

美国 PLC 技术的形成与欧洲 PLC 技术的形成是在相互隔离的情况下，独自研究开发获得的，因此美国的 PLC 产品与欧洲的 PLC 产品常表现出来明显的差异性。首先要说的就是美国罗克韦尔自动化公司旗下 Allen – Bradley 品牌。AB 系列 PLC 被认为是最具人性化的设计，使用最为灵活，功能最为强大，当然也是最昂贵的 PLC 品牌。其在北美市场占有半壁江山，全球销售额也处于前列。由于其价格昂贵，在中国早期市场上业绩较差。只有一些大型国有企业才使用 AB 品牌，这些企业在使用过程中也体会到了 AB 系列 PLC 的优势以及上乘的质量。

1969 年美国的数字公司研制成功了世界第一台 PLC。随后日本从美国引进了 PLC 技术加以消化，1971 年研制成功了日本的第一台 PLC。自 20 世纪 70 年代初开始，不到 30 年的时间里，PLC 在日本生产发展成了一个巨大的产业，据不完全统计，现在世界上生产 PLC 及其网络的厂家有二百多家，生产有大约 400 多个品种的 PLC 产品。日本有 60 ~ 70 家 PLC 厂商，生产 200 多个品种的 PLC 产品。日本的 PLC 有较高的性价比，特别是小型 PLC 在中国机械设备制造领域中占有巨大市场。

任务实施

一、实训目的

1. 根据任务书及现场勘察，分析控制对象，明确任务功能。
2. 通过小组形式能合理分配各项工作任务，增强沟通交流，提高团体协作能力。
3. 进行 PLC 设备及外围电气仪表的选型，熟悉 PLC 工作原理及软、硬件工作环境。

二、主要实训器材

PLC 控制器、外围电气设备、工具、仪表、材料等常见学习设备。

三、实训内容

1. 控制对象分析

仔细阅读作业任务书，可以查找相关资料文献或通过实地现场勘察等手段，进一步了解控制对象，明确任务内容，掌握控制量的特性。合理分配小组人员的工作任务并进行组内讨论，制订小组工作计划和前期方案。

通过书本介绍、网络信息等多种途径查找相关资料，了解运料小车的自动控制一般实现方式。具体分析本次项目任务的各功能要求，结合原继电器控制回路，拟订运料小车的自动化改造方案。

本任务中的运料小车被控制对象为三相异步电动机，工作期间只要按照任务要求有效控制电动机的启停和正反转，即可实现小车有规律地运动，从而完成相应的工作任务。同时，本系统通过运动过程中的行程开关进行位置反馈，有效地调节电动机的启停变化和运动方向。运料小车三相异步电动机正反转电路如图 4—1—1 所示。

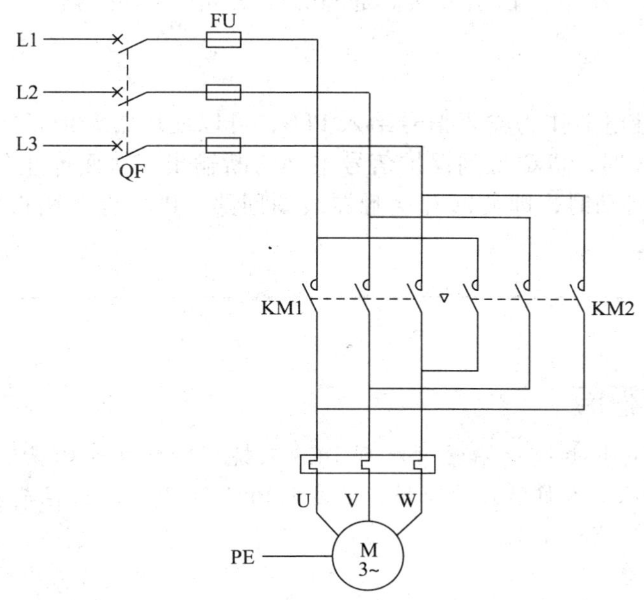

图 4—1—1　运料小车三相异步电动机正反转电路

2. 工艺点位表制作

作为一个控制系统，要求能对其的输入、输出环节中参与控制的变量进行数量和类型的统计，搞清系统内各个变量。运料小车工艺点位统计见表 4—1—1。

表 4—1—1　　运料小车工艺点位统计表

输入信号			输出信号		
名称	符号	作用	名称	符号	作用
总停按钮	SB1	停止	正转接触器	KM1	小车右行
正转启动按钮	SB2	启动	反转接触器	KM2	小车左行
行程开关	ST1	左限位	装料电磁阀	KM3	装料门
行程开关	ST2	右限位	卸料电磁铁	KM4	卸料门
热继电器	KH	过流保护			

通过填写系统点位表，可以看到输入部分包括人机操作的启停按钮、过流保护的热继电器。输出部分包括小车右行接触器、小车左行接触器、装料门控制、卸料门控制。

3. 主要设备选型

分析以上的系统点位统计表，输入部分共有5个信号，且都为干接点输入，故适合PLC自带电源方式直接输入。输出部分共4个控制点，且需要外接至少220 V AC电源，故考虑使用PLC继电器输出方式。通过以上分析，即可结合实际设备进行合理选型。

4. 注意事项

这里要求把热继电器作为输入信号给入PLC，可以使用常开或常闭触点接入输入端。旨在当发生过热情况时，PLC得到保护信号主动切断输出，从而停止各KM的继续工作。否则，当过热保护启动时，即使断开接触器线圈回路，PLC也无法得到输入信号，造成PLC输出点继续工作。

知识拓展

在工业自动化控制领域中常常碰到DCS系统，即集散控制系统。关于PLC与DCS的区别要求从业人员能正确理解。应该说PLC和DCS的出现是来自不同专业方向，最主要的区别有以下几点：

一、响应速度

PLC最早出现的目的是代替继电器逻辑，因为继电器逻辑的响应速度一般都在几个毫秒以下，因此要求PLC的响应速度更快；而DCS最早出现的目的是代替二次仪表，一般仪表都是测量压力、流量、温度、液位等，响应速度都在几百个毫秒到几秒不等，要求响应速度不高，但控制的计算方法一般都比继电器逻辑复杂，因此DCS牺牲了速度去完成复杂的计算。

二、扫描方式

PLC是从程序的开始一直扫描到程序结束，然后不断循环扫描；DCS是按控制环扫描，可以说是一个多任务同时工作的方式。

三、I/O冗余

DCS和PLC都能做到CPU冗余、电源冗余、底板冗余、网络冗余，但目前无论哪个品牌的PLC都很难做到在线I/O冗余，而DCS能做到在线I/O冗余。

随着计算机技术的发展，DCS和PLC两者都互相靠拢，功能越来越接近，就有人鼓吹两者能相互代替，实际上对于DCS来说，快速响应的控制（比如运动控制）就不能胜任，而对于PLC来说，大量的PID等高级运算的控制，CPU也承受不了。因此，当开关量控制较多、控制响应速度要求较快时，建议用PLC，模拟量控制较多时，建议用DCS。

发展到现在，DCS和PLC之间没有一个严格的界线，在大多数人看来，大的系统就用DCS，小的系统用PLC。

DCS 和 PLC 的区别如下：

1. 从发展的方面来说，DCS 从传统的仪表盘监控系统发展而来。因此，DCS 从先天性来说较为侧重仪表的控制，如使用的 ABB Freelance2000 DCS 系统甚至没有 PID 数量的限制。比例微分积分算法是调节阀、变频器闭环控制的标准算法，通常 PID 的数量决定了可以使用的调节阀数量。

PLC 从传统的继电器回路发展而来，最初的 PLC 甚至没有模拟量的处理能力，因此，PLC 从开始就强调的是逻辑运算能力。

2. 从系统的可扩展性和兼容性的方面来说，市场上控制类产品繁多，无论是 DCS 还是 PLC，均有很多厂商在生产和销售。对于 PLC 系统来说，一般没有或很少有扩展的需求，因为 PLC 系统一般针对于设备的使用。一般来说，PLC 也很少有兼容性的要求，如两个或两个以上的系统要求资源共享，对 PLC 来讲也是很困难的事。而且 PLC 一般都采用专用的网络结构，比如西门子的 MPI 总线性网络，甚至增加一台操作员站都不容易或成本很高。

DCS 在发展的过程中也是各厂家自成体系，但大部分的 DCS 系统，如西门子、ABB、霍尼维尔、GE、施耐德等，虽说系统内部过程级的通信协议不尽相同，但操作级的网络平台不约而同地选择了工业以太网，采用标准或变形的 TCP/IP 协议。这样就提供了很方便的可扩展能力。在这种网络中，控制器、计算机均作为一个节点存在，只要网络到达的地方，就可以随意增减节点数量和布置节点位置。另外，基于 Windows 系统的 OPC、DDE 等开放协议，各系统之间也可很方便地通信，以实现资源共享。

3. 从数据库来说，DCS 一般都提供统一的数据库。换句话说，在 DCS 系统中一旦一个数据存在于数据库中，就可在任何情况下引用，如在组态软件中，在监控软件中，在趋势图中，在报表中……而 PLC 系统的数据库通常都不是统一的，组态软件和监控软件甚至归档软件都有自己的数据库。为什么常说西门子的 S7 400 要到了 414 以上才称为 DCS？因为西门子的 PCS7 系统才使用统一的数据库，而 PCS7 要求控制器起码到 S7 414 –3 以上的型号。

4. 从时间调度上来说，PLC 的程序一般不能按事先设定的循环周期运行。PLC 程序是从头到尾执行一次后又从头开始执行（现在一些新型 PLC 有所改进，不过对任务周期的数量还是有限制）。而 DCS 可以设定任务周期，如快速任务等。同样是传感器的采样，压力传感器的变化时间很短，可以用 200 ms 的任务周期采样，而温度传感器的滞后时间很大，可以用 2 s 的任务周期采样。这样，DCS 可以合理地调度控制器的资源。

5. 从网络结构的方面来说，DCS 惯常使用两层网络结构，一层为过程级网络，大部分 DCS 使用自己的总线协议，如西门子的 Profibus、ABB 的 CAN bus、施耐德的 Modbus 等，这些协议均建立在标准串口传输协议 RS 232 或 RS 485 协议的基础上。现场 IO 模块，特别是模拟量的采样数据十分庞大，同时现场干扰因素较多，因此应该采用数据吞吐量大、抗干扰能力强的网络标准。基于 RS 485 串口异步通信方式的总线结构，符合现场通信的要求。

I/O 的采样数据经 CPU 转换后变为整形数据或实形数据，在操作级网络（第二层网络）上传输。因此操作级网络可以采用数据吞吐量适中、传输速度快、连接方便的网络标准，同时因操作级网络一般布置在控制室内，对抗干扰的要求相对较低。因此采用标准以太网是最佳选择。TCP/IP 协议是一种标准以太网协议，一般采用 100 Mbit/s 的通信速度。

PLC 系统的工作任务相对简单，因此需要传输的数据量一般不会太大，所以常见的 PLC 系统为一层网络结构。过程级网络和操作级网络要么合并在一起，要么过程级网络简化成模件之间的内部连接。在现场设备层级中，PLC 不会或很少使用以太网。

6. 从应用对象的规模上来说，PLC 一般应用在小型自控场所，比如设备的控制或少量的模拟量的控制及联锁，而大型的应用一般都是 DCS。当然，这个概念不太准确，但很直观。

PLC 与 DCS 发展到今天，事实上都在向彼此靠拢，严格地说，现在的 PLC 与 DCS 已经不能一刀切开，很多时候两者之间的概念已经模糊了。

学习活动 2　电气回路与 PLC 接线图

学习目标

1. 熟悉电力拖动基本电路，结合工艺设备合理分析并制定主回路控制方案。
2. 能设计安全、合理、经济的电气回路，完成对电动机的多重保护功能。
3. 能根据工艺点位统计表，结合控制要求完成 PLC I/O 分配表。
4. 能设计、绘制规范的电气图与 PLC 接线图。

知识准备

一、低压电器的基本知识

了解低压电器的分类和常用术语，熟悉常见电气元件，如低压熔断器、断路器、主令电气元件、接触器、热继电器等。

二、三相异步电动机正反转控制回路

回顾三相异步电动机的正反转动作原理，理解交换任一相序接入电动机定子绕组的操

作方法。熟练掌握接触器正反转控制电路和按钮接触器双重联锁正反转控制电路，深刻理解接触器互锁方式的实现方法和意义。

小贴士

在 PLC 改造正反转电路过程中，虽然许多学生在编程过程中已经在程序中编写了输出点 Y 的互锁，但实际中却还是出现短路现象。所以，必须要对 PLC 的输出端正反转线圈进行硬件互锁。分析其中的原因，发现由于 PLC 的扫描速度很快，当正转输出 Y 关闭切换到反转输出 Y 时，正转接触器还没来得及完全断开而反转接触器就已经开始吸合，故造成主电路两相短路。

小词典

PLC 工作速度即程序扫描周期，它作为 PLC 的基本性能指标，是衡量一个 PLC 性能优劣的重要标志。

工作速度是指 PLC 的 CPU 执行指令的速度及对急需处理的输入信号的响应速度。工作速度是 PLC 工作的基础。速度高了，才可能通过运行程序实现控制，才可能不断扩大控制规模，才可能发挥 PLC 多种多样的作用。

不同的 PLC，指令的条数也不同，少的几十条，多的几百条。指令不同，执行的时间也不同。但各种 PLC 总有一些基本指令，而且各种的 PLC 都有这些基本指令，故常以执行一条基本指令的时间来衡量这个速度。这个时间当然越短越好，已从微秒级缩短到零点微秒级，并随着微处理器技术的进步，这个时间还在缩短。

为了处理急需响应的输入信号，PLC 有种种措施。不同的 PLC 措施也不完全相同，提高响应速度的效果也不同。一般的做法是采用输入中断，然后再输出即时刷新，即中断程序运行后，有关的输出点立即刷新，而不等到整个程序运行结束后再刷新。

这个效果可从两个方面来衡量：一是能否对几个输入信号做快速响应；二是快速响应的速度有多快。多数 PLC 都可对一个或多个输入点做快速响应，快速响应时间仅为几毫秒。性能高的大型 PLC 响应中断功能的点数更多。

工作速度关系到 PLC 对输入信号的响应速度，是 PLC 对系统控制是否及时的前提。控制不及时就不可能准确与可靠，特别是对一些需做快速响应的系统，这就是一般把工作速度作为 PLC 第一指标的原因。

任务实施

一、实训目的

1. 能根据任务需要合理设计电气主回路，并对电动机进行多重保护措施。
2. 能根据工艺点位统计表，结合控制要求完成 PLC I/O 分配表。
3. 能设计、绘制规范的电气图与 PLC 接线图。

二、主要实训器材

PLC 控制器、外围电气设备、工具、仪表、材料等常见学习设备。

三、实训内容

1. 电气回路的设计

通过前面部分任务分析，结合控制对象的特点，已经明确运料小车通过接触器正反转即可完成左右运动过程。而继电器输出型 PLC 可以承受 220 V AC 交流电压，通过把原有的接触器 380 V AC 线圈更换为 220 V AC 线圈即可现实 PLC 直接控制接触器。运料小车三相异步电动机正反转控制主电路如图 4—2—1 所示。

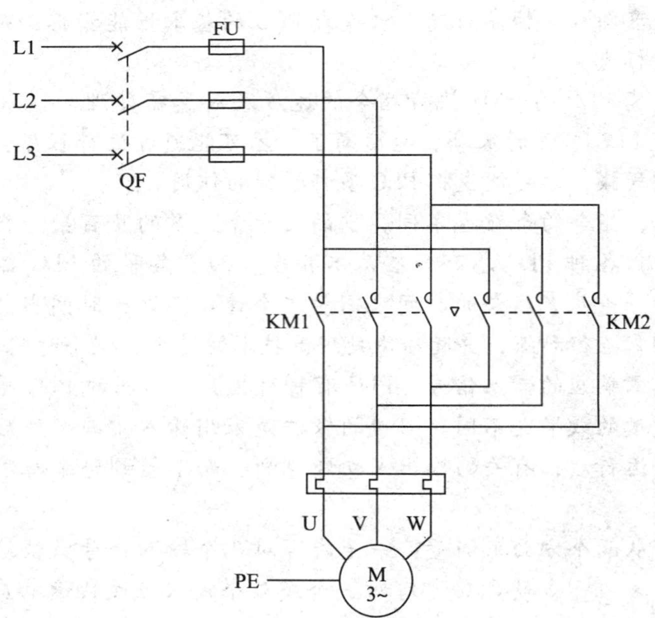

图 4—2—1　运料小车三相异步电动机正反转控制主电路

从图 4—2—1 可以看出，三相异步电动机通过接触器实现正反转，并且具备短路过流保护及过热保护功能，符合任务改造要求。

下面对原运料小车控制系统进行分析，继电器控制回路如图 4—2—2 所示。

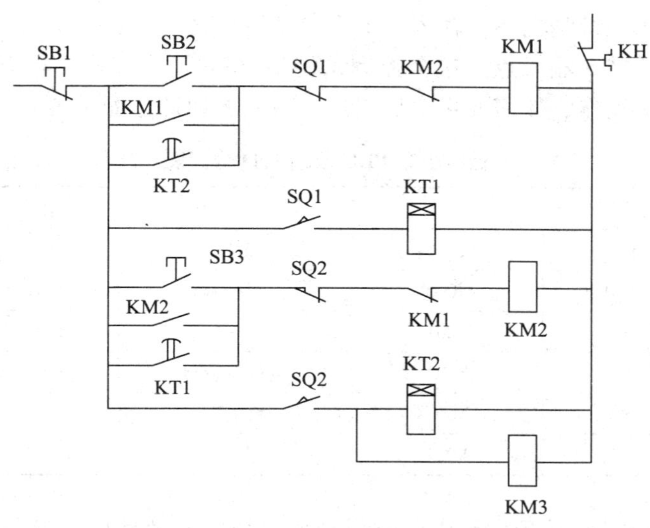

图 4—2—2　运料小车正反转继电器控制回路

通过分析以上电路，可看到传统的继电器控制回路包含了接触器、按钮、时间继电器等多个元件与设备，通过各元件的常开常闭相互组合构成控制回路。这种方式组成的电路，系统复杂、不易维修与检测，而且继电器控制系统存在设计周期长、体积大、人力成本高等缺陷，几乎无数据处理和通信功能，必须有专人负责操作。

通过对整个电路系统的分析，发现主回路部分满足三相异步电动机的控制要求，但控制回路过于烦琐，不利于后期设备维护和系统升级。至此，明确本次任务为对小车运料系统的控制回路部分进行 PLC 的自动化改造。

2. 设计控制系统框架

作为系统设计者，要求把握方案的可行性、合理性、高效性。这就要求用整体的眼光去描述系统，并用简单清晰的框架呈现，有助于进一步排除干扰，优化系统。

通过以上几步的分析，确定本次改造任务的控制系统结构如图 4—2—3 所示。

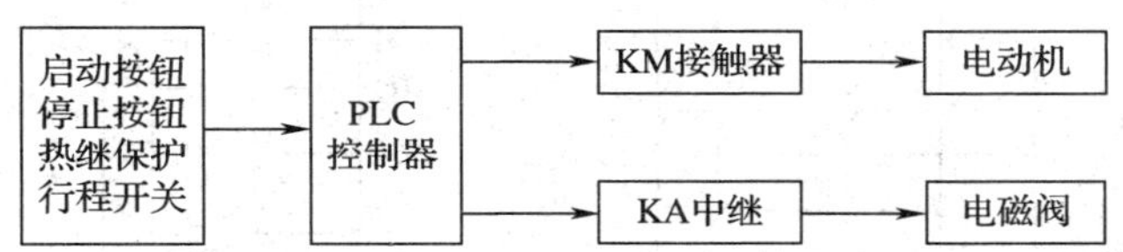

图 4—2—3　运料小车 PLC 改造控制系统设计

从图 4—2—3 可以看出，通过 PLC 控制改造的物料小车的输入侧由按钮、开关、热保进行控制和监视；输出端连接着接触器和中间继电器；所有的控制程序由 PLC 内部程序实现。系统结构得到了明显简化，有助于后期的系统维护与检修。同时，由于 PLC 可编程性的特点，给后期的参数修改、系统升级留了空间，提高了生产的自动化，节约了后期设备成本。

3. 制作 I/O 分配表

根据上面分析的系统结构图，输入有 1 个启动按钮开关、1 个停止按钮开关、1 个热继电器及两个行程开关共 5 输入点。这个控制系统最终完成一个三相异步电动机的正反转动作及两个电动阀开关动作，故需要 4 个输出点。对应的地址分配见表 4—2—1。

表 4—2—1　　运料小车 PLC 改造 I/O 分配表

输入信号			输出信号		
名称	代号	输入点编号	名称	代号	输出点编号
总停按钮	SB1	X000	正转接触器	KM1	Y000
启动按钮	SB2	X001	反转接触器	KM2	Y001
行程开关	ST1	X002	装料电磁阀	KM3	Y002
行程开关	ST2	X003	卸料电磁铁	KM4	Y003
热继电器	KH	X004			

从以上的 I/O 分配表可以看到 PLC 控制系统内全部的硬件接口设备，输入设备包括按钮、热保、行程开关，输出设备为接触器。

4. 绘制 PLC 接线图

根据以上分析，小车的运行方式仍由三相异步电动机提供动力，且接触器正反转电路控制电动机正反转，故运料小车的主电气回路图保留原设计。本次任务只需对控制部分进行改造，把原继电器控制系统改为 PLC 控制系统实现。

结合系统结构图及 I/O 分配表，绘制控制部分的 PLC 接线图，如图 4—2—4 所示。

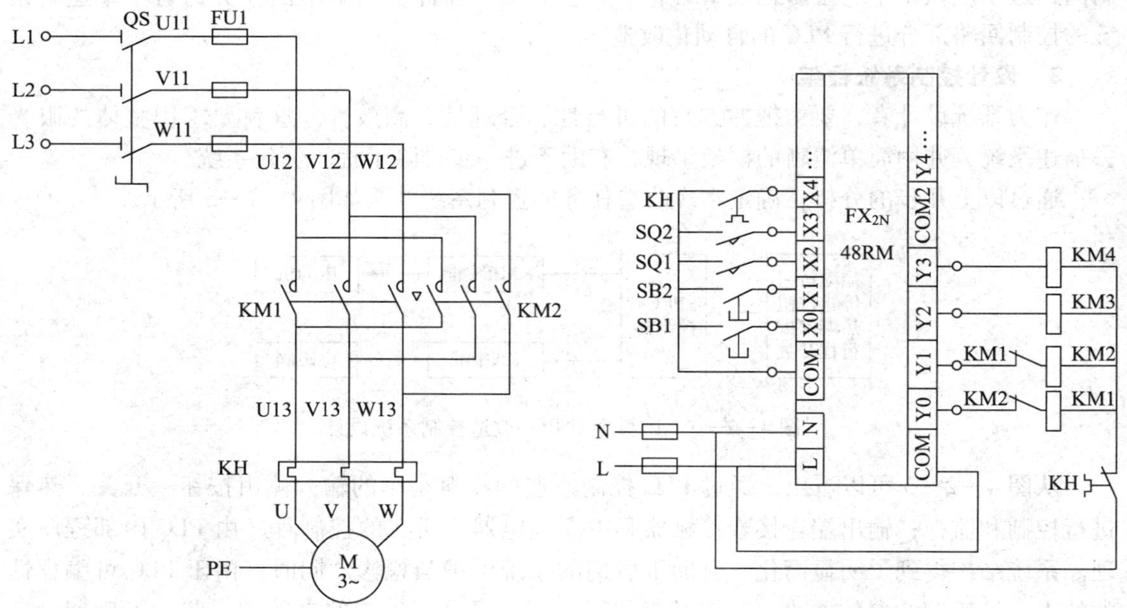

图 4—2—4　运料小车 PLC 安装接线图

在绘制输入部分接线图时，要对每一个输入设备都充分了解。一般要求输入干接点，即输入电源 24 V 由 PLC 自身电源提供。同时，对输入触点选择常开还是常闭必须事先明确。因为程序编写时必须配合硬件输入情况进行调节，要求尽量按照常规去操作。

这里的开关、按钮都采用了常开触点，热继电器采用了常闭触点。

输出部分的接线要根据 PLC 的类型和设备所需电源进行选择。对使用伺服等高速场合要求使用晶体管型的 PLC，即输出由 PLC 内部晶体管直接驱动。但在一般情况下，都使用继电器类输出。这里采用串电源的继电器输出方式，输出端控制 220 V AC 线圈的接触器。通过接触器的吸合与断开，实现主电路的通断。

5. 注意事项

在运料小车接触器实现正反转电路中确保两个接触器不同时闭合，一般采用的方法是接触器互锁。因为 PLC 程序扫描速度较快，当输出正转接触器换到反转接触器的过程中，正转接触器还未完全断开而反转接触器就已闭合，故十分容易引起两相短路。用软件方法也可以消除这种故障，即增加延时。在切换过程中加入足够的延时间隔，保证没有两个接触器同时吸合的时间。

知识拓展

随着技术不断革新，PLC 的硬件组成从开始的单一数字量模块逐步向多种模块化发展。PLC 模块的组合方式有箱体式和模块式之分，但从质上看，箱体也是模块，只是它集成了更多的功能。在此，不妨把 PLC 的模块组成当作所有 PLC 的结构方式。

这个性能含义是指某型号 PLC 具有多少种模块，各种模块都有什么规格，并各具什么特点。一般来说，规模大、档次高的 PLC 模块的种类也多、规格也多，反映它的特点的性能指标也高，但模块的功能则单一些。相反，小型、档次低的 PLC 模块种类也少，规格也少，指标也低，但功能则更多样，甚至集成为一体化模块。

组成 PLC 的模块是 PLC 的硬件基础，只有弄清所选用的 PLC 都具有哪些模块及其特点，才能正确选用模块，完成 PLC 系统的硬件设计和选型，以满足控制系统对 PLC 的整体要求。

常见的 PLC 模块有：

1. CPU 模块：它是 PLC 的硬件核心。PLC 的主要性能，如速度、规模都由它的性能来体现。

2. 电源模块：它为 PLC 运行提供内部工作电源，有的还可为输入信号提供电源，并且集短路、过流等多重保护功能于一体。

3. I/O 模块：它包括 I/O 电路，并依点数及电路类型划分为不同规格的模块。

一般常见的为数字量输入、输出模块，模拟量输入、输出模块。有些型号有专门的远程 I/O 模块，用于模块数量远距离的扩充。

4. 内存模块：它主要存储用户程序，有的还为系统提供附加的工作内存。对于中大型 PLC 内存模块可以进行配方存储、数据记录等多项工作任务。在结构上内存模块都是附加于 CPU 模块之中。

5. 专用模块：它主要为 PLC 提供完成专项任务的可能性，如伺服模块、通信模块、高速计数模块等。

PLC 的模块化发展，一方面使功能更加细分，让开发人员能更精确地控制和实现某项系统目标；另一方面也要求开发人员对各种 PLC 的各类模块都了熟于胸，才能正确选择模块型号。

学习活动 3　软件编程与运行调试

学习目标

1. 熟悉 PLC 软件的基本界面，掌握 PLC 软件的基本操作及用法。
2. 掌握梯形图编程基本原则。
3. 能进行程序流程图设计。
4. 掌握运行调试的一般步骤。
5. 能安全上电，并进行调试参数记录。

知识准备

一、计数器的作用

对于电气自动化过程控制，除了以上任务中常见的简单逻辑流程，还会出现计数问题。简单逻辑指令可以完成任务工艺流程中的逻辑组合关系，但无法进行数量累计，这里就要提到 PLC 指令中的计数器。它们可以完成数量累计计算，对于处理复杂逻辑流程有着十分重要的作用。

二、计数器的种类和使用

计数器 C（字、bit）类似于定时器 T 软元件，也包含一个字元件（word）和一个开关量元件（bit）。计数器根据使用精度的不同，可分为内部信号计数器和高速计数器。

计数器元件号及其设定值和动作见表 4—3—1。

表 4—3—1　　　　　　　　计数器元件号及其设定值和动作

名称		类型	设定范围	可使用点数
计数器	内部信号计数器	16 位通用计数器	1 ~ 32 767	CO ~ C99（100 点）
		16 位停电保持计数器	1 ~ 32 767	C100 ~ C199（100 点）
		32 位通用双向计数器	−2 147 483 648 ~ 2 1474 83 647	C200 ~ C219（20 点）
		32 位停电保持双向计数器	−2 147 483 648 ~ 2 147 483 647	C220 ~ C234（15 点）
	高速计数器	高速计数器	−2 147 483 648 ~ 2 147 483 647	C235 ~ C255（21 点）

表 4—3—1 中对 PLC 的各类计数器做了分类和描述，使用者可以根据需要合理选用。

平时经常使用的是内部信号计数器，可以用来对各个内部元件（如 X、Y、M、S、T 和 C）的信号进行计数。其接通（ON）时间和断开（OFF）时间应比 PLC 的扫描周期稍长，通常其输入信号频率大约为几个扫描周期/秒，可以适合绝大多数的场合。

通用计数器使用举例如图 4—3—1 所示。

计数器的设定值 K0 与 K1 含义相同，即在第一次计数时，其输出触点动作。图 4—3—1 为增计数器的动作时序。X10 为计数复位端，X11 每接通一次，计数器的当前值增 1，当计数器的当前值为 10 时，即计数输入达到 10 次时，计数器 C0 的输出触点接通，之后即使 X11 再接通，计数器的当前值都保持不变。复位输入 X10 接通（ON），则执行 RST 指令，计数器当前值复位为零，其输出触点也随之复位。

```
  X10
──┤├──────[RST   C0    ]
  X11
──┤├──────(C0  K10)
  C0
──┤├──────(  Y0  )
```

图 4—3—1　通用计数器使用举例

计数器的设定值除了可由常数 K 直接设定外，还可通过指定数据寄存器的元件号来间接设定。如指定 D125，而 D125 的内容为 250，则与设定 K250 等效。如果将大于设定值数值置入当前值寄存器（如用 MOV 指令置数），则当计数输入端接通时，计数器将继续计数。其他类型的计数器也具有这种特点。

小贴士

在实际的工业生产中，一个控制系统项目应包括几个基本步骤：

1. 系统规划，即根据设备的控制要求以及功能需要，确定系统的实现措施，包括选择 PLC 型号，I/O 模块的数量与规格，特殊模块，人机界面等。

2. 硬件设计，根据总体方案完成电气控制原理图、接线图、元件布置图等的设计，汇编完整的电气元件目录与配套件清单，以及完成用于安装以上电气元件的控制柜、操作台等零部件的设计。

3. 软件设计，编制PLC用户程序，根据原理图所确定的I/O地址，编写实现控制要求与功能的PLC用户程序。

4. 现场调试，包括检查、优化PLC控制系统硬件，软件设计，提高控制系统可靠性。

5. 技术文件编制，即相关电气图样、设备使用说明书等的编写。

小词典

工业生产在PLC的控制下，可高精度地加工材料和部件，使生产具有更高的速度和效率。PLC的功能取决于编程语言的开发和拓展，其应用范围的扩大，主要受限于程序设计者或电气工程师编制软件的能力，而这一切则需PLC程序的精心编制。程序的优化要求设计者不但要熟练掌握许多控制设备类型及硬件配置，而且更要掌握PLC的各种语言及编程方法，使PLC技术的应用既能满足用户短期产品开发的需要，又能最终给用户带来所期望的最佳经济效益。

这就要求编程人员具备在编写程序过程中运用模块化的思想。

小型PLC的操作系统（系统管理软件）是建立在逻辑运算的基础上的，并不具备系统管理能力。而大多数PLC使用梯形图语言编制的程序，该语言与继电器控制系统图相似，比较直观，易于理解和掌握。但对于一个较复杂的控制系统而言，若其内部的联锁及互动关系较为复杂，应用梯形图编程就显得非常烦琐，逻辑关系不清，且难以将程序进行优化。如果将计算机高级语言的编程算法和模块化、结构化的程序设计思想应用PLC软件设计中，则对于复杂的控制系统就能制定一个合理的总体方案，根据系统控制要求，将要完成的任务转变成适合编程的有限步骤，进行模块化编程。这种程序不仅清晰，且通用性很强，是PLC程序设计的一种高效实用的方法。

任务实施

一、实训目的

1. 能熟练操作编程软件，进行程序编写。
2. 能进行程序下载，并上电调试。
3. 能解决调试过程中的各类软件、硬件问题。

二、主要实训器材

PLC 控制器、外围电气设备、工具、仪表、材料等常见学习设备。

三、实训内容

1. 编程软件基本操作

掌握编程软件基本操作步骤，能建立新工程。根据任务要求，进行梯形图的编写。

2. 控制策略编写

分析任务中运料小车的动作过程，结合已掌握的编程知识，进行控制策略编写。控制策略可以是任务流程图的形式，或文字形式，或两者结合的形式，其目的是完成控制任务的分解，使编程人员能把复杂的程序任务化简为多个简单任务的组合。运料小车控制策略流程图如图 4—3—2 所示。

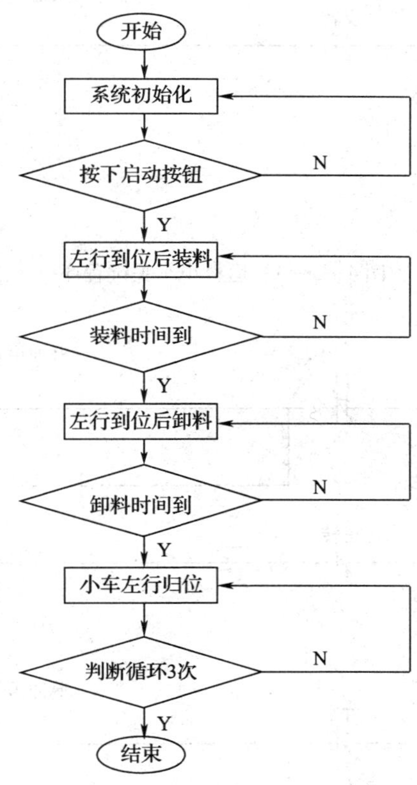

图 4—3—2 运料小车控制策略流程图

从图 4—3—2 可以清晰地看到整个运动过程，编程只需要把每一部分的内容通过程序语言表达出来即可。

3. 脉冲语句和计数器的使用

从控制策略流程图可以看出，小车的运动分为左行、装料、右行、卸料几个关键动作。

可以利用已学过的自锁语句、脉冲语句来完成这些内容。这里以图 4—3—3 和图4—3—4 为例进行说明。

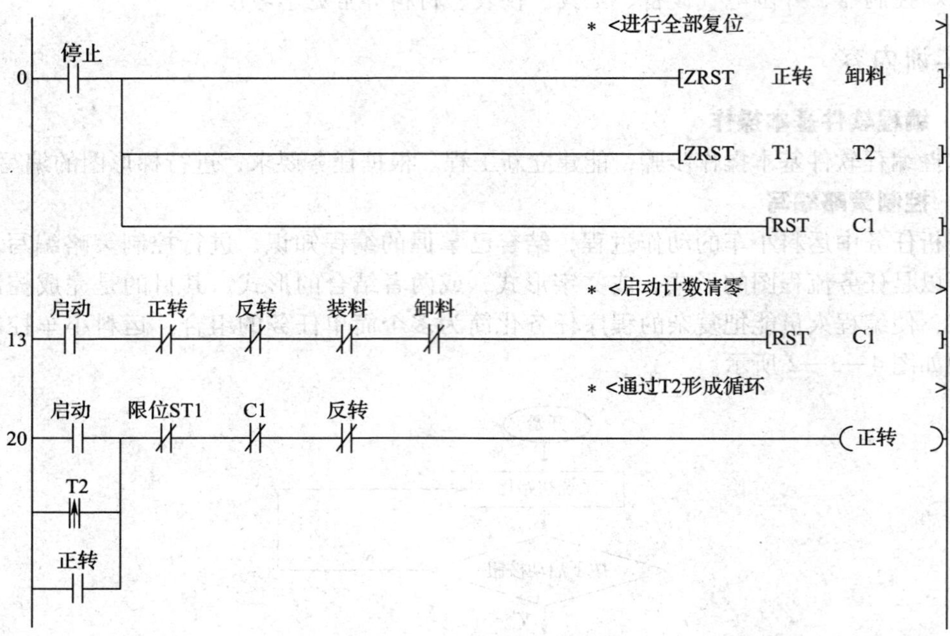

图 4—3—3 运料小车关键程序一

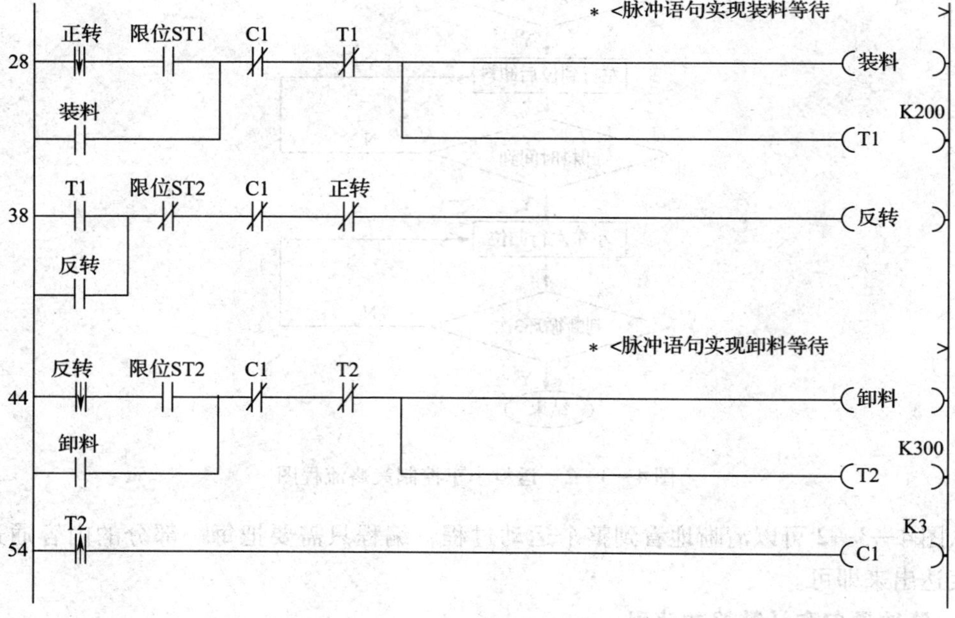

图 4—3—4 运料小车关键程序二

图 4—3—3 采用自锁语句实现，启动按钮后小车正转向左运动，归回原位 ST1 处。在程序的开始部分一般可以进行初始化，有利于后续程序的正常进行。

从图 4—3—4 中的程序可以看到，除向右运动的自锁语句外，装料 20 s 等待和卸料 30 s 等待分别由两句脉冲语句实现。同时，小车卸料完成作为结束动作，采用 C1 计数器计数。

4．运行调试

（1）送电工作作为安全调试的第一步，应作为重中之重。特别是对于大型项目，要求制定相应的送电方案、调试计划，经过论证后方可进行。

（2）对于 PLC 等自动化控制系统，要求调试工作从小电流到大电流。即先通过 PLC 完成对继电器或接触器线圈的控制，正常后再进行主电路的通电。

（3）调试程序过程中要求不断地调整硬件或软件，使系统处于正常的工作状态。对于一些可预知的故障必须进行模拟，以此来修改程序，进而增强程序的抗干扰性。

5．注意事项

实际工程涉及的变量较多，从几百到几千不等。为了增加程序的可读性和可维护性，一般要求编程人员能把地址名称用文字或字母的形式表示，并在每段程序旁添加注释。

知识拓展

计数器除以上介绍的常见用法外，根据使用场合、功能选择、精度要求等情况还可以有更多类型的使用。

一、双向计数器的使用

在三菱 PLC 中有两种 32 位的增/减计数器：通用计数器 C200 ~ C219（20 点），保持计数器 C220 ~ C234（15 点）。其设定值为 －2 147 483 648 ~ ＋2 147 483 647，计数的方向（增计数或减计数）由特殊辅助继电器 M8200 ~ M8234 设定。

下面给出一个双向计数器的示例进行分析，如图 4—3—5 所示。

```
    X12
|---| |------(M8200   )

    X13
|---| |------[RST   C200 ]

    X14
|---| |------(C200  K-5 )

    C200
|---| |------(Y1      )
```

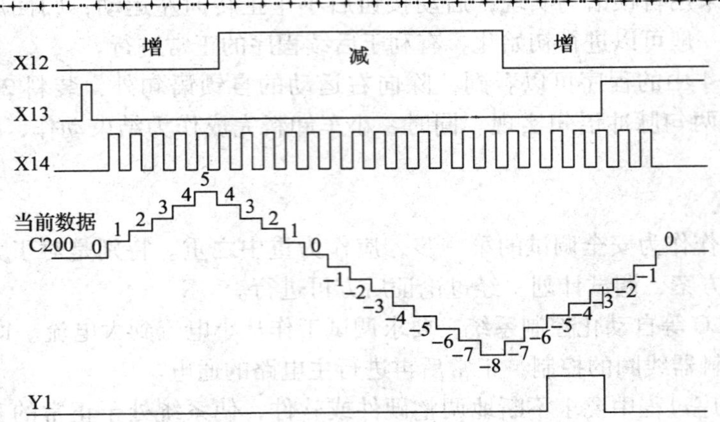

图 4—3—5　双向计数器应用示例

用 X14 作为计数输入，同时通过 X12 来改变 M8200 的值，驱动 C200 线圈进行加计数或减计数。这里当 X14 输入且 C200 当前计数值为 −5 时，则 C200 作为有效输出。分析变化过程，当计数器的当前值由 −6 变到 −5（增加）时，其触点接通（置 1）；由 −5 变到 −6（减少）时，其触点断开（置 0）。

当前值的增减虽与输出触点的动作无关，但从正数的 +2 147 483 647 起再进行加计数当前值就成为 −247 483 648。同样从 −2 147 483 648 起进行减计数，当前值就成了 +2 147 483 647（这种动作称为循环计数）。当复位输入 X13 接通（ON），计数器的当前值就为 0，输出触点也复位。使用停电保持的计数器，其当前值和输出触点状态均能停电保持。32 位计数器可当作 32 位数据寄存器使用，但不能用作 16 位指令中的操作元件。

二、高速计数器的使用

虽然 C235 ~ C255（共 21 点）都是高速计数器，但它们共享同一个 PLC 上的 6 个高速计数器输入端（X0 ~ X5）。即如果某一个 X 输入端已被某个计数器占用，它就不能再用于另一个高速计数器（或其他用途）。也就是说，由于只有 6 个高速计数的输入，因此，最多同时用 6 个高速计数器。另外，还可用作比较和直接输出等高速应用功能。

高速计数器的选择并不是任意的，它取决于所需计数器的类型及高速输入的端子。计数器类型如下：

1 相无启动/复位端子　C235 ~ C240。

1 相带启动/复位端子　C241 ~ C245。

2 相双向 C246 ~ C250。

2 相 A—B 相型 C251 ~ C255。

上列所有的计数器均为 32 bit 增/减计数器。由于各种计数器对应的输入端子与 PLC 具体型号有关，这里不详细论述。

X6 和 X7 也是高速输入，但只能用作启动信号而不能用于高速计数。不同类型的计数器可同时使用，但它们的输入不能共用。注意：输入端 X0～X7 不能同时用于多个计数器，例如，如果使用了 C251，下列计数器和指令就不能使用：C235，C236，C241，C244，C246，C247，C249，C252，C254，I0××，I1××及 SPD（FNC 56）指令的有关输入。

高速计数器是按中断原则运行的，因而它独立于扫描周期之外，选定计数器的线圈应以连续方式驱动以表示这个计数器及其有关输入连续有效，其他高速处理不能再用其输入端子。此外，严禁用计数输入端作计数器线圈的驱动触点。

计数器还有一个重要性能参数：最高计数频率。计数器的最高计数频率受两个因素约束：各个输入的响应速度；全部高速计数器的处理时间。

各输入端的响应速度由硬件所限制，表 4—3—1 给出只用一个计数器时各输入点的最高响应频率。全部高速计数器的处理时间是高速计数器的主要速度限制。计数器操作是采用中断方式，因此，计数器用得越少，则可计数频率就越高。但如果某些计数器用比较低的频率计数，则其他计数器可以较高的频率计数。

使用的全部计数器的频率总和应低于 20 kHz。频率总和是指同时在 PLC 上出现所有信号的最大频率的总和。为使高速计数器准确计数，这个频率总和必须小于 20 kHz。注意：FX_{2N}的 X0、X1 是特殊的硬件计数器，当 C235、C236、C246 作单相高速计数器时，最高频率可达 60 kHz；C251 作两相计数器时，最高频率可达 30 kHz。使用高速比较指令采用 X0、X1 作输入点时也有频率限制：FNC53、FNC54 最高可达 11 kHz；FNC55 最高可达 5.5 kHz。

任务五　十字路口交通灯的安装与调试

学习目标

1. 能独立进行工艺流程分析，明确控制对象的操作要求及功能。
2. 能选定合理的自动化解决方案，完成控制系统结构设计。
3. 能根据工艺要求，绘制电气回路图及 PLC 接线图，编制 I/O 分配表。
4. 能根据工艺流程及控制功能进行程序设计，并根据梯形图编写语句指令表。
5. 能进行设备接线并完成 PLC 程序的调试工作，且调试过程中能独立完成软件与硬件的修改。

建议课时

40 课时

任务描述

交通信号灯是交通信号中的重要组成部分，是道路交通的基本语言。交通信号灯由红灯（表示禁止通行）、绿灯（表示允许通行）、黄灯（表示警示）组成。道路交通信号灯是交通安全产品中的一种类别，是为了加强道路交通管理，减少交通事故的发生，提高道路使用效率，改善交通状况的一种重要工具，适用于十字、丁字等交叉路口，由道路交通信号控制机控制，指导车辆和行人安全有序地通行。

本次任务描述如下：

某交通队有部分交通信号灯由于年久失修，需进行设备改造，需要电工班人员根据原设备的原理、操作和特点，在规定期限内对其进行改造，并交有关人员验收。

通过实地勘察施工现场，在这里给出目前红绿灯的位置图，如图 5—0—1 所示。

结合原红绿灯的工作情况，给出东西红绿灯、南北红绿灯的工作流程。请结合原工作流程重新设计一套 PLC 控制的红绿灯系统。

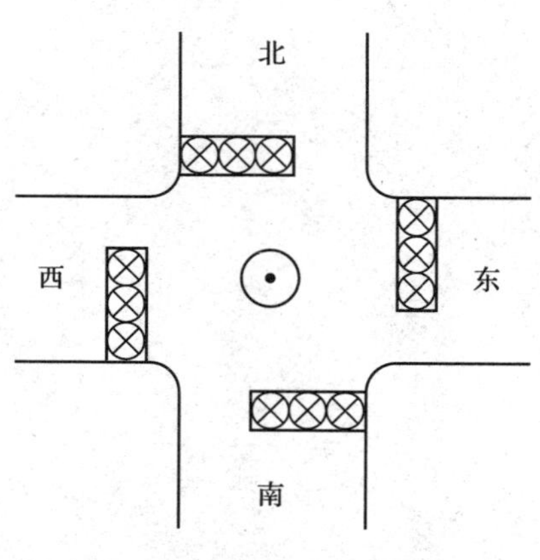

图 5—0—1　十字路口交通灯位置图

十字路口交通灯具体控制要求见表 5—0—1。

表 5—0—1　　十字路口交通灯具体控制要求

<table>
<tr><td rowspan="2">东西</td><td>信号</td><td>绿灯亮</td><td>绿灯闪烁</td><td>黄灯亮</td><td colspan="3">红灯亮</td></tr>
<tr><td>时间</td><td>25 s</td><td>3 s</td><td>2 s</td><td colspan="3">30 s</td></tr>
<tr><td rowspan="2">南北</td><td>信号</td><td colspan="3">红灯亮</td><td>绿灯亮</td><td>绿灯闪烁</td><td>黄灯亮</td></tr>
<tr><td>时间</td><td colspan="3">30 s</td><td>25 s</td><td>3 s</td><td>2 s</td></tr>
</table>

工作流程与活动

学习活动 1　控制系统的设计
学习活动 2　电气回路与 PLC 接线图
学习活动 3　软件编程与运行调试

学习活动 1　控制系统的设计

学习目标

1. 能分析控制对象，了解客户需求，明确任务功能，并结合任务分配小组人员工作内容。

2. 能明确系统内的信号类型，统计控制点数，制作工艺点位统计表。

3. 能合理估计设备升级空间，预留必要的备用点位、扩展模块及通信接口。

4. 能综合考虑各因素，完成 PLC 控制器、外围电气设备、传感器仪表等元件的设备选型。

知识准备

一、控制系统基本要素

自动控制系统是指在没有人直接参与的情况下，利用外加的设备或装置（称控制装置或控制器），使机器、设备或生产过程（统称被控对象）的某个工作状态或参数（即被控制量）自动地按照预定的规律运行。

可见，准确找到被控对象和被控量对建立稳定的自动系统有着格外重要的意义。

二、工艺分析基础

有效分析工艺流程，能更快地建立系统结构框图。深刻理解工艺内在联系，有助于设计者设计出高效、经济、安全的自动控制系统。结合本次任务，工艺分析主要集中在对各个灯的时间流程判断和理解。常用的方法是通过制表或图的形式进行分析。

三、自动控制系统结构设计

自动控制系统的整体设计决定着它未来的功能范围和发展方向，所以要求每位设计人员从一开始就必须进行全局的、综合的分析。通过分析项目的工艺流程及任务要求，搭建系统结构框图。中大型系统一般包括中央控制系统、远程I/O分站、操作站、工程师站等，同时选定相应的通信方式、数据采集方式、数据储存方式。

结合本次项目任务，设计人员要进行系统整体设计，包括PLC的设备选型、红绿灯类型选择、红绿灯驱动电路的设计等。

小贴士

红绿灯从诞生到现在100多年的发展历史中，电气自动化技术的革命起到了至关重要的作用。其中，PLC作为电气自动化的代表，在红绿交通灯的发展中也扮演过重要角色。但随着技术的日新月异，PLC更侧向于工业控制、机械控制等方向，而红绿灯控制系统领域正由嵌入式电子产品所占领。同时，交通智能化概念的提升对嵌入式控制系统提出了更高的要求。

传统的定时控制必然产生如下弊端：当某条路段的车流量很大时却要等待红灯，而此时另一条是空道或车流量相对少得多的道却长时间亮的是绿灯，这种多等少的尴尬现象是未对实际情况进行实时监控所造成的，不仅让驾驶员、乘客怨声载道，而且对人力和物力资源也是一种浪费。

如今，在少数几个先进国家已采用智能方式来控制交通信号，其中主要运用GPS全球定位系统、视觉传感器等。传感器探测车辆数量，根据该路段交通情况，实时控制交通灯的时长，并通过大屏指示图显示附近几条路的交通情况，指导驾驶员选择更合适的路径通行。

小词典

编程器是可编程序控制器系统的人机接口，用户可以利用编程器对可编程序控制器进行程序的输入、编辑、修改和调试。可编程序控制器可使用的编程器种类大致有简易编程器、图形编程器和智能编程器，其中简易编程器是常用的编程设备。

最简单的编程器至少包括一个键盘、一些数码字符显示器。这里的键盘不是单板机上的那种键盘，而是直接表示可编程序控制器指令系统的键盘，因而使用很方便；其显示部分包括三部分，即序号、指令码和元件号（在讲指令系统时详述）。它具有输入编辑、检索程序的功能，同时还具有系统监控的功能；有些还设有存储转接插El，用于将可编程序控制器中的程序转储到诸如盒带、软盘等存储介质中去。

这种编程器的缺点就是无法以梯形图的方式输入并编辑程序和监控运行。因此，图形编程器上就设置了一小块液晶显示器，用于图形编辑、监控。这种编程器对于习惯于使用梯形图的人员来说，无疑方便了许多。

对于较复杂的控制电路图，用这种小型的图形编程器显示就非常不方便。因此，再上一个层次就是通用的大型液晶显示屏智能编程器。它的功能就相当于一台独立的专用计算机，为了便于现场使用，将它设计得非常轻巧。它采用更换程序存储器的方法更换系统程序。这种编程器可脱机独立编辑程序，与可编程序控制器联机后可将程序写入/读出可编程序控制器，并且可以监控运行，还具有打印机接口、录音机接口等外设接口。

为了进一步完善功能，近来发展了不少功能极强的专用图形编程器。这种编程器就像一台便携式计算机，本身带有CRT、软盘驱动器，还有许多接口（如打印机接口、串行接口等），程序编辑功能也极强。它还可以作为工作站使用，即把它挂在可编程序控制器网络上，对各站进行监控、管理、调试等工作。

随着个人计算机的日益普及，编程器的一个最新发展趋势就是使用专用的编程软件，在个人计算机上实现图形编程器的功能（如IBM PC及其兼容机）。这种编程手段最大的一个特点就是可以充分利用个人机的资源（如硬盘、打印及各种接口），大大降低编程器的成本。

任务实施

一、实训目的

1. 根据任务书及现场勘察，分析控制对象，明确任务功能。
2. 能通过小组形式合理分配各项工作任务，增强沟通交流，提高团体协作能力。
3. 进行PLC设备及外围电气仪表的选型，熟悉PLC工作原理及软、硬件工作环境。

二、主要实训器材

PLC控制器、外围电气设备、工具、仪表、材料等常见学习设备。

三、实训内容

1. 控制对象分析

仔细阅读作业任务书，可以查找相关资料文献或通过实地现场勘察等手段，进一步了解控制对象，明确任务内容，掌握控制量的特性。合理分配小组人员的工作任务并进行组内讨论，制订小组工作计划和前期方案。

通过任务给出的红绿灯工作时间顺序表，发现对时间的控制要求并不苛刻，精度为秒级。同时，东西红绿灯和南北红绿灯的工作周期刚好相反，且在各自周期内的工作情况相同。

2. 工艺点位表制作

作为一个控制系统，要求能对其的输入、输出环节中参与控制的变量进行数量和类型的统计，搞清系统的各个变量。十字路口红绿灯工艺点位统计见表 5—1—1。

表 5—1—1　　十字路口红绿灯工艺点位统计表

输入信号			输出信号		
名称	符号	作用	名称	符号	作用
启动按钮	SB1	启动系统	东西绿灯	G01	信号灯
停止按钮	SB2	关闭系统	东西黄灯	Y01	信号灯
			东西红灯	R01	信号灯
			南北绿灯	G02	信号灯
			南北黄灯	Y02	信号灯
			南北红灯	R02	信号灯

通过填写系统点位表，可以看到输入部分包括人机操作界面的启停按钮。输出部分包括东西红绿灯和南北红绿灯共 6 盏灯。

3. 主要设备选型

通过系统点位统计表，可看到输入部分共 2 个信号，且都为干触点，无外带电源干扰，故适合 PLC 输入端自带电源方式直接输入。输出部分共有 6 个控制点，且对时间精度为秒，故可以选用继电器输出型。

通过以上分析，即可结合实际设备进行合理选型。

4. 注意事项

当控制对象的电压相同时，一般把 PLC 的输出公共端 COM0、COM1、COM2 进行并联，但如果现场灯的功率较大或并联灯的数量较多，就不能使用一个输出继电器直接带负载，可以采用一个输出继电器进行中间转换，再用中间继电器的几个常开触点分批进行灯的控制。这样，先由输出继电器带动中间继电器，再由中间继电器驱动信号灯的方法，可以有效降低驱动电流。

知识拓展

在 PLC 控制系统中输出有着无可比拟的作用，因为没有输出就没有动作，就无法实现对被控对象的操作任务。所以充分认识 PLC 的输出部分显得格外重要。

PLC 有三类输出：继电器输出、晶体管输出和晶闸管（可控硅）输出。选择这些输出类型的依据是被控对象的特性。这里包括被控对象的时间响应速度、负载电源、工作电流大小等。晶闸管输出只可接交流负载，晶体管输出只能接直流负载，继电器输出既可接交流负载也可接直流负载。当负载额定电流、功率等超过接口指标后要用继电器、接触器等过渡，才可接大功率电源。

输出口与执行装置相连接，执行装置主要包括各种继电器、电磁阀、指示灯等。这类设备本身所需的功率较大，且电源种类各异。PLC 一般不提供执行器件的电源，需要外接电源。为了适应输出设备多种电源的需要，PLC 的输出口一般都分组设置，如 COM1、COM2 等。

当输出口连接电感类设备时，为了防止电路关断时刻产生高压对输出口造成破坏，应在感性元件两端加保护元件。对于直流电源，应并接续流二极管；对于交流电路，应并接阻容电路。续流二极管可选 1 A 的管子，其额定电压应大于电源电压的 3 倍。阻容电路中电阻可取 51～120 Ω，电容取 0.1～0.47 μF，电容的额定电压应大于电源的峰值电压。

学习活动 2　电气回路与 PLC 接线图

学习目标

1. 熟悉电力拖动基本电路，结合工艺设备合理分析并制定主回路控制方案。
2. 能设计安全、合理、经济的电气回路，完成对电气设备的多重保护功能。
3. 能根据工艺点位统计表，结合控制要求完成 PLC I/O 分配表。
4. 能设计、绘制规范的电气图与 PLC 接线图。

知识准备

时序逻辑分析方法：在类似于红绿灯的项目中，为了更清晰地表达一个或几个事物的逻辑关系，通常采用时序图进行分析和表达。时序图通过描述变量或变量之间发送信号的时间顺序，显示单个变量对时间或多个变量之间的动态关系。

小贴士

在 PLC 的选型过程中，根据外界需要的信号类型进行输入、输出模块的选择。而当外界信号的数量超出模块本身的接口数量时，设计人员就必须考虑增加扩展模块。对小系统来说，增加几个模块非常简单。但当系统的信号数量增加时，就不得不继续增加扩展模块。增加的数量可以无限吗？

答案是否定的。一般每个厂家的各系列 PLC 都会给出一个扩展模块数限制，比如三菱 FX_{2N}系列一般支持 7 个外加的扩展模块。值得注意的是有些特殊模块需占用两个槽位，即其他扩展模块数量减少了。所以，对硬件设计人员来说，熟悉各厂家的各种系列 PLC 的型号及使用方法显得格外重要。

小词典

要使 PLC 在自动控制系统中发挥作用，其输入、输出功能必不可少。所以，要进行合理的 PLC 设备选型，必须加强对输入、输出部分的理解。这里重点介绍关于 PLC 的输入接口。

可编程序控制器的一个重要特点就是所有的输入信号全部都经过了隔离，无论任何形式的输入最终都是经过光电耦合口将信号传入 PLC。

通常输入有两种形式。一种是直流输入，其输入器件可以是无源触点或传感器的集电极开路晶体管。它又进一步分为源型和漏型，如图 5—2—1 和图 5—2—2 所示。另一种是交流输入，这实际上是将交流信号经整流、限流后再通过光耦传入 PLC。

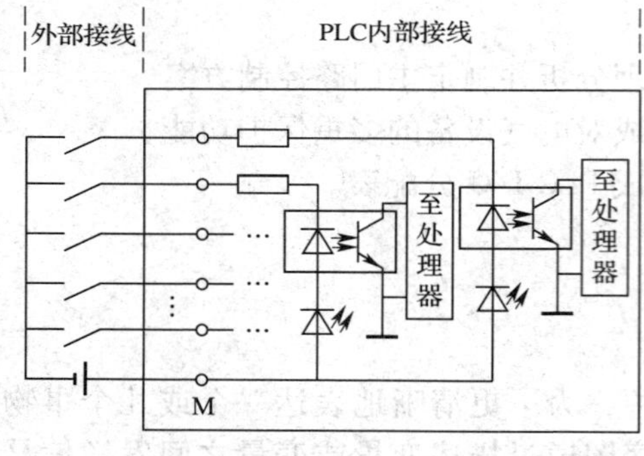

图 5—2—1　漏型输入方式

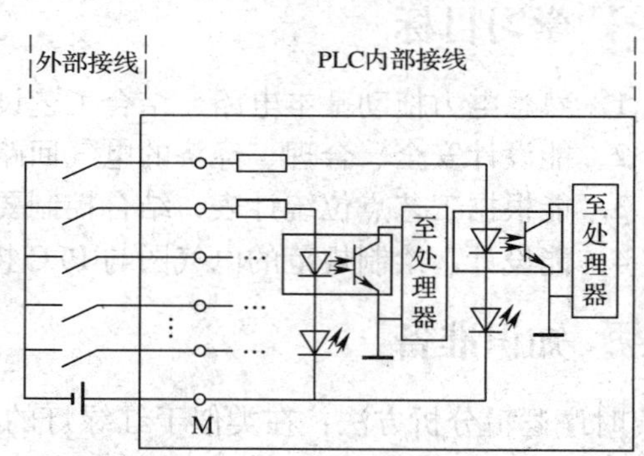

图 5—2—2　源型输入方式

输入电路的一次电路与二次电路用光电耦合器隔离。二次电路中设有 RC 滤波器，这是为防止由于输入触点的颤振，造成输入线混入的噪声引起误动作而设计的。因此，外部输入从 ON→OFF 或 OFF→ON 变化时，PLC 内部有约 10 ms 的响应滞后。一般 PLC 的输入电流为 7 mA（DC 24 V），引起输入动作的最小电流为 2.5～3 mA，但为了确保 PLC 启动，必须取 4.5 mA 以上。为了确保切断，必须取 1.5 mA以下。

外部传感器可以由另外电源供电，也可以由 PLC 的 DC 24 V 电源供电。由于 PLC 的输入电流是由 PLC 内部的 DC 24 V 电源供给的，所以光电开关等传感器用外部电源驱动时，该外部电源须为 DC 24 V，传感器的输出晶体管须为 PNP 集电极开路型（对于源型输入）或 NPN 集电极开路型（对于漏型输入）。

任务实施

一、实训目的

1. 能根据任务需要合理设计电气主回路，并对电动机进行多重保护措施。
2. 能根据工艺点位统计表，结合控制要求完成 PLC I/O 分配表。
3. 能设计、绘制规范的电气图与 PLC 接线图。

二、主要实训器材

PLC 控制器、外围电气设备、工具、仪表、材料等常见学习设备。

三、实训内容

1. 制作 I/O 分配表

根据上面分析的系统结构图，输入有 1 个启动按钮、1 个停止按钮共两个输入点。输出有东西绿灯、东西黄灯、东西红灯、南北绿灯、南北黄灯、南北红灯共 6 个输出点。对应的地址分配表见表 5—2—1。

表 5—2—1　十字路口交通灯系统 I/O 元件的地址分配表

输入			输出		
输入继电器	电路元件	作用	输出继电器	电路元件	作用
X000	SB1	启动	Y000	信号灯	东西绿灯
X001	SB2	停止	Y001	信号灯	东西黄灯
			Y002	信号灯	东西红灯
			Y004	信号灯	南北绿灯
			Y005	信号灯	南北黄灯
			Y006	信号灯	南北红灯

从以上的 I/O 分配表可以看到 PLC 控制系统内全部的硬件接口设备，注意因为十字路口的交通灯是成对出现共 12 个灯，所以一个 Y 输出点控制的灯至少为两个。

2. 绘制 PLC 接线图

根据以上分析，十字路口的交通灯通过 PLC 直接完成电气控制。结合系统结构图及I/O分配表，绘制控制部分的 PLC 接线图，如图 5—2—3 所示。

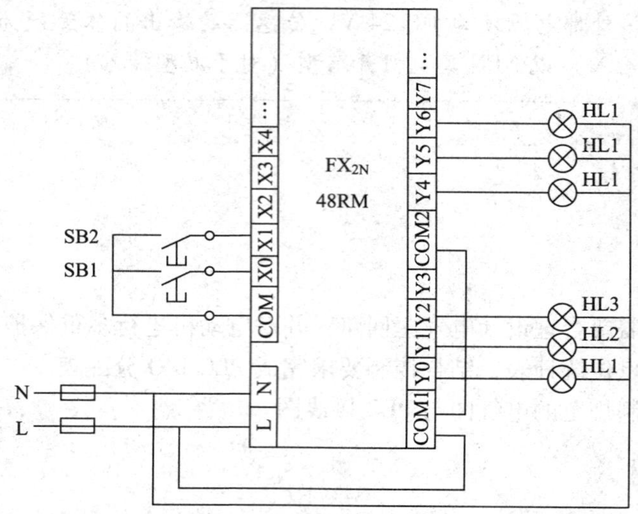

图 5—2—3　十字交通灯系统 PLC 接线图

3. 注意事项

在这里因为红绿灯的控制电源为统一的 220 V AC，则可以把 COM1、COM2 并联后直接串入电源端。在接入 220 V AC 交流电源的过程中，要求把相线接入 COM 端。这样可以使负载侧在不通电时，处于无电压状态。

知识拓展

可编程序控制器（PLC）本身具有很强的抗干扰性，也正因为其稳定可靠的性能才使它在工业领域长盛不衰。但工业生产现场的工作环境恶劣，干扰源众多，如大功率用电设备的启停引起电网电压的波动形成低频干扰，电焊机、电火花加工机床、电动机的电刷等通过电磁耦合产生的工频干扰等，都不利于 PLC 的正常工作。

尽管 PLC 是专门在现场使用的控制装置，在设计制造时已采取了很多措施，使它对工业环境比较适应，但是为了确保整个系统稳定可靠，还是应当尽量使 PLC 有良好的工作环境条件，并采取必要的抗干扰措施。

一、安装环境的选择

PLC 适用于大多数工业现场，但它对使用场合、环境温度等还是有一定要求。控制 PLC 的工作环境，可以有效地提高它的工作效率和寿命。在安装 PLC 时，要避开下列场所：

1. 环境温度超过0～50℃的范围。

2. 相对湿度超过85%或者存在露水凝聚（由温度突变或其他因素所引起的）。

3. 太阳光直接照射。

4. 有腐蚀和易燃的气体，如氯化氢、硫化氢等。

5. 有大量铁屑及灰尘。

6. 频繁或连续的振动，振动频率为10～55 Hz、幅度为0.5 mm。

7. 超过10 g（重力加速度）的冲击。

为了使控制系统工作可靠，通常把可编程序控制器安装在有保护外壳的控制柜中，以防止灰尘、油污、水溅。为了保证可编程序控制器在工作状态下其温度保持在规定环境温度范围内，安装机器应有足够的通风空间，基本单元和扩展单元之间要有30 mm以上间隔。如果周围环境超过55℃，要安装电风扇，强迫通风。

二、干扰源的排除

为了避免其他外围设备的电磁干扰，可编程序控制器应尽可能远离高压电源线和高压设备，可编程序控制器与高压设备和电源线之间应留出至少200 mm的距离。

PLC供电电源为50 Hz、220 V±10%的交流电。对于电源线来的干扰，PLC本身具有足够的抵制能力。如果电源干扰特别严重，可以安装一个变比为1:1的隔离变压器，以减少设备与地之间的干扰。

如果电源发生故障，中断时间少于10 ms，PLC工作不受影响。若电源中断超过10 ms或电源下降超过允许值，则PLC停止工作，所有的输出点均同时断开。当电源恢复时，若RUN输入接通，则操作自动进行。

三、可靠的接地

良好的接地是保证PLC可靠工作的重要条件，可以避免偶然发生的电压冲击危害。接地线与机器的接地端相接，基本单元接地。如果要用扩展单元，其接地点应与基本单元的接地点接在一起。为了抑制加在电源及输入端、输出端的干扰，应给可编程序控制器接上专用地线，接地点应与动力设备（如电机）的接地点分开。若达不到这种要求，也必须做到与其他设备公共接地，禁止与其他设备串联接地。接地点应尽可能靠近PLC。

学习活动3 软件编程与运行调试

学习目标

1. 熟悉PLC软件的基本界面，掌握PLC软件的基本操作及用法。
2. 掌握梯形图编程基本原则。

3. 能进行程序流程图设计。
4. 能安全上电，并进行调试参数记录。

知识准备

一、内部特殊继电器

三菱 PLC 在其内部设置了许多特殊继电器和特殊寄存器，它们的功能已被厂家事先规定，用户可以根据实际需要方便地拿来直接使用。它们的使用次数没有限制，用户可以多次调用，但不能直接输出，必须通过中间转换。根据类型它们被分为许多的类别，如状态特殊继电器、时钟特殊继电器、标志特殊继电器等共 200 多种。

这里需要记住常用的有以下几个：

M8000——上电一直“ON”标志。

M8002——上电“ON”一个扫描周期标志。

M8011——1 ms 时钟脉冲。

M8012——100 ms 时钟脉冲。

M8013——1 s 时钟脉冲。

M8014——1 min 时钟脉冲。

通过记忆常见的特殊继电器可以让设计人员在编程时能更加方便地设计出复杂的功能，从而提高编程效率。这里交通灯中黄灯闪烁，可通过 M8013 方便地实现。

二、主控指令（MC/MCR）

MC（主控指令）用于公共串联触点的连接。执行 MC 后，左母线移到 MC 触点的后面。MCR（主控复位指令）是 MC 指令的复位指令，即利用 MCR 指令恢复原左母线的位置。

在编程时常会出现这样的情况，多个线圈同时受一个或一组触点控制，如果在每个线圈的控制电路中都串入同样的触点，将占用很多存储单元，使用主控指令就可以解决这一问题。

MC、MCR 指令的目标元件为 Y 和 M，但不能用特殊辅助继电器。MC 占 3 个程序步，MCR 占两个程序步。主控触点在梯形图中与一般触点垂直，主控触点是与左母线相连的常开触点，是控制一组电路的总开关，与主控触点相连的触点必须用 LD 或 LDI 指令。MC 指令的输入触点断开时，在 MC 和 MCR 之内的积算定时器、计数器、用复位/置位指令驱动的元件保持其之前的状态不变，而非积算定时器及 OUT 指令驱动的元件将复位。在一个 MC 指令区内若再使用 MC 指令称为嵌套。嵌套级数最多为 8 级，编号按 N0→N1→N2→N3→N4→N5→N6→N7 顺序增大，每级的返回用对应的 MCR 指令，从编号大的嵌套级开始复位。

主控触点指令应用示例如图 5—3—1 所示。主控指令 MC 与主控复位指令 MCR 之间的程序必须在 X0 接通后才生效；否则当 X0 断开时，即使接通 X1，定时器 T1 和输出 Y3 也不会执行。

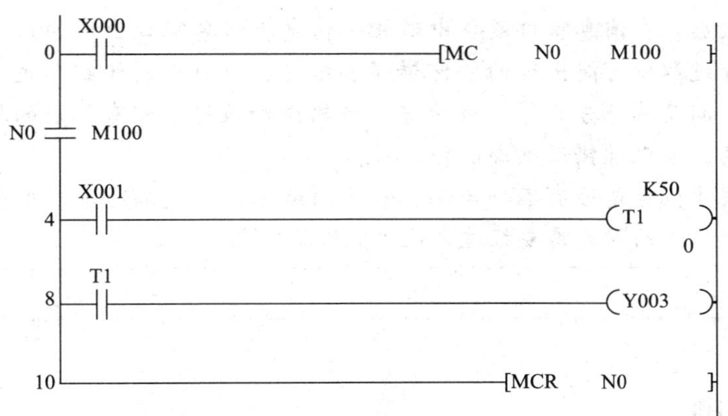

图 5—3—1　主控触点指令应用示例

三、自动化控制策略编写

控制策略作为一个宏观的整体设计，在软件编程过程中有着十分重要的地位，它不但可以全局范围内体现工艺的各个功能及要求，而且便于功能区划分，有利于模块化编程。

一个优秀的程序员在编写程序时，既要符合系统功能基本要求，又要从电气自控的角度去重新认识并归纳工艺流程，结合自身和行业经验，才能编写出稳定性好、抗干扰强、效率高的程序。

小贴士

在完成 PLC 程序编写后需要进行整体编译，此时如果发现问题则编译不能通过且程序也不能被下载到 PLC。

编译指利用编译程序从源语言编写的源程序产生目标程序的过程。通俗地讲，因为计算机只认识二进制数，编译就是把高级语言变成计算机可以识别的二进制语言，或者说把人们熟悉的语言换成二进制。

编译程序执行过程分为五个阶段：词法分析；语法分析；语义检查和中间代码生成；代码优化；目标代码生成。编译主要是进行词法分析和语法分析，又称为源程序分析，分析过程中发现有语法错误，给出提示信息，指出程序中是否有不符合编程规范的地方。

在工程菜单中有编译和全部编译两个选项。编译是只针对修改过的程序组织单元，而全部编译是无论该程序组织单元是否修改过都进行编译。

编译完之后，在消息窗口便会出现相关信息。消息窗口出现的信息包括编译的进程、在编译过程中可能出现的任何错误和报警、所引用的组织单元、程序大小和占用的内存空间及其百分比等。对于每一种错误和报警，都有相应的提示信息，可以双击该信息，来跟踪错误或者报警来源。

编译是用于检查是否有不符合编程规范的地方，但是编译不能检查出程序逻辑上的问题。逻辑上的问题需要经过调试才能检验出来。

小词典

由于 PLC 是从取代继电器开始产生、发展的，且早期的 PLC 绝大部分用于顺序控制，于是人们习惯把 PLC 看作是继电器、定时器、计数器的集合，把 PLC 的作用局限地等同于继电控制系统。其实，PLC 就是一台小型的工业控制计算机。PLC 具有计算机控制系统的功能，大型 PLC 系统就是一台先进的计算机控制系统。

小型的 PLC 由于运算速度及存储容量的限制，功能自然稍弱。但为了使 PLC 在其基本逻辑功能、顺序步进功能之外具有更进一步的特殊功能，以尽可能地满足 PLC 用户的特殊要求。从 20 世纪 80 年代开始，PLC 制造商就逐步地在小型 PLC 中加入一些功能指令或称应用指令。这些功能指令实际上就是一个个功能不同的子程序。随着芯片技术的进步，小型 PLC 的运算速度、存储量不断增加，其功能指令也越来越强。许多技术人员梦寐以求甚至以前不敢想象的功能，通过功能指令就能容易实现，从而大大提高了 PLC 的编程效率，提升了 PLC 的实用性。

一般来说，功能指令可分为以下几类：

（1）程序流控制	（5）传送与比较	（9）算术与逻辑运算
（2）移位与循环移位	（6）数据处理	（10）高速处理
（3）方便指令	（7）外部输入、输出处理	（11）外围设备通信
（4）实数处理	（8）点位控制	（12）实时时钟

熟练掌握基本逻辑指令、顺序步进指令后，再掌握功能指令，编起程序来就可变化无穷，随心所欲，得心应手。

任务实施

一、实训目的

1. 能熟练操作编程软件，进行程序编写。
2. 能进行程序下载，并上电调试。
3. 能解决调试过程中的各类软件、硬件问题。

二、主要实训器材

PLC 控制器、外围电气设备、工具、仪表、材料等常见学习设备。

三、实训内容

1. 编程软件基本操作

掌握编程软件基本操作步骤，能建立新工程。根据任务要求，进行梯形图的编写与指令表转化。

2. 控制策略编写

分析任务中红绿灯动作过程，结合已掌握的编程知识，进行控制策略编写。控制策略可以是任务流程图的形式，或文字形式，或两者结合的形式，其目的是完成控制任务的分解，使编程人员能把复杂的程序任务化简为多个简单任务的组合。

根据红绿灯工作流程表，分析各个路口的红绿灯的工作情况，绘制成工作流程图，如图 5—3—2 所示。

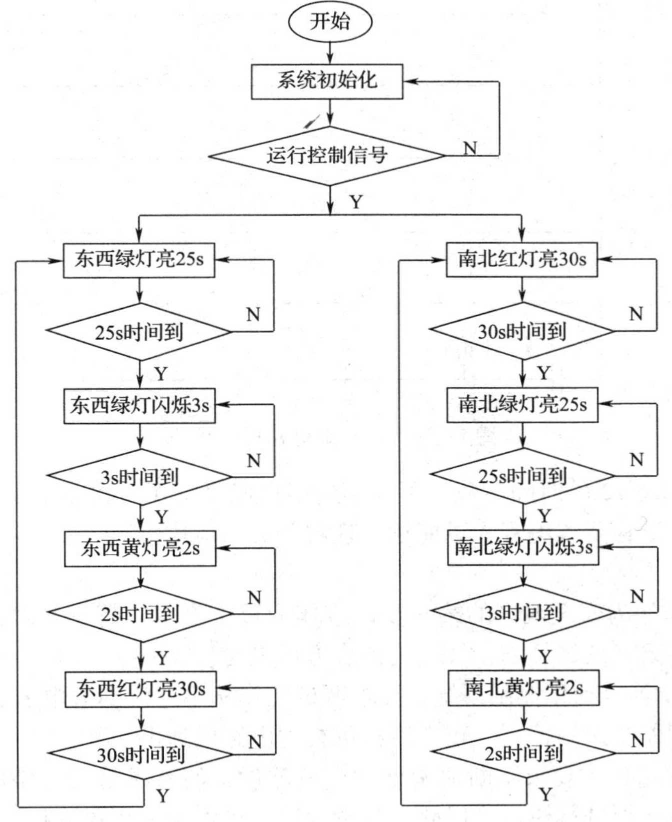

图 5—3—2 十字交通灯系统工作流程图

通过分析各个灯的点亮流程，发现只要把几个定时器进行有效组合即可完成类似的脉冲效果。

3．定时器和脉冲语句

从图 5—3—2 可以看出，红绿灯变化主要是控制各个时间区的衔接和变化。这里通过一个例子来说明。假设，希望 Y6 南北红灯亮 30 s，同时 Y0 东西绿灯亮 25 s 之后 Y1 东西黄灯闪烁 5 s，其时序图分析如图 5—3—3 所示。

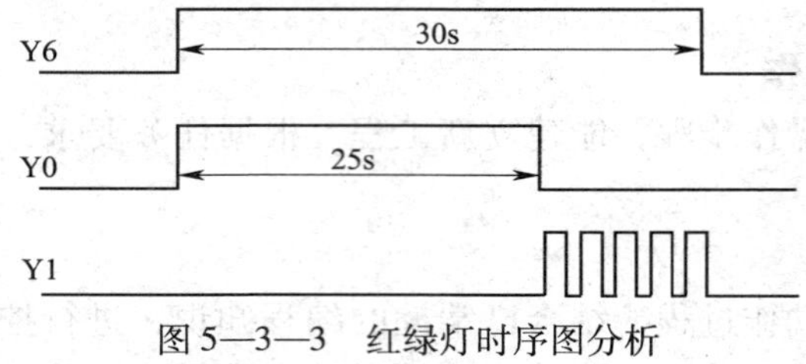

图 5—3—3　红绿灯时序图分析

下面通过定时器 T1、定时器 T2 结合不同的触发点，使其实现多路脉冲的效果，其梯形图如图 5—3—4 所示。

图 5—3—4　红绿灯梯形图举例

改变程序中 T1、T2 的时间参数，可以得到用户想要实现的脉冲宽度。脉冲语句在实际编程中应用十分广泛，要求编程人员能切实理解并灵活应用。

4．运行调试

（1）送电工作作为安全调试的第一步，应作为重中之重。特别是对于大型项目，要求制定相应的送电方案、调试计划，经过论证后方可进行。

（2）对于 PLC 等自动化控制系统，要求调试工作从小电流到大电流。即先通过 PLC 完成对继电器或接触器线圈的控制，正常后再进行主电路的通电。

（3）调试程序过程中要求不断地调整硬件或软件，使系统处于正常的工作状态。对于一些可预知的故障必须进行模拟，以此来修改程序，进而增强程序的抗干扰性。

5．注意事项

在红绿灯的编程过程中，定时器一般采用普通型定时器 T0 ~ T199。它们的定时精度为 100 ms，可调时间为 0. 1 ~3 276. 7 s，断电后时间值不保存。